# 바다의 세계 ①

「바다의 이야기」편집그룹 엮음

李 光 雨 · 孫 永 壽 옮김

電 波 科 學 社

『역자의 말』

바다는 「인류의 마지막 개발영역( the last frontier)」
으로서 전세계의 각광을 받고 있으며, 최근에는 우리 나라에서
도 바다에 대한 관심이 부쩍 높아지고 있다. 이것은 삼면이 바
다이고 육지자원이 극히 적은 우리로서는 바다가 갖고 있는 여
러 가지 풍부한 자원에 큰 기대를 갖기 때문일 것이다.

이 책은, 해양학 분야에서 크게 발전한 가까운 일본에서, 해
양학의 각 분야를 망라하여, 유명한 해양학자 20여 명이 바다
에 얽힌 가장 새로운 이야기들을 모아 편집한 다섯 권으로 된
『바다의 이야기』를 번역한 것이다. 고교생이나 일반인들 뿐만아
니라 대학생 및 해양학자들에게도 신비한 바다의 세계를 재미
있게 펼쳐주는 좋은 벗이 되리라 믿는다.

번역에 있어서 어려웠던 점은, 우리의 전문용어가 아직도 부
족하고 또 드물게 나오는 생물의 이름에는 아직 우리말로 되어
있지 않은 것이 많아서 고충이 컸다. 혹시 잘못된 점이 있다면
앞으로 바로잡아 나가기로 하고, 여러분의 기탄없는 지적과 아
낌없는 가르침을 바란다.

이 책을 역간하는 데 있어서는, 과학지식의 보급·출판에 외
곬 평생을 바쳐오신 「전파과학사」의 손 영수 사장이 공동 번
역자로 참가하여 함께 번역도 해 주셨고, 어려운 여건에도 불
구하고 이렇게 출판을 보게 되니 무엇보다 감사하다. 「전파과
학사」가 한국 과학계에 미치는 공헌은 이것으로 더욱 더 빛나
리라 생각한다.

모두 다섯 권으로 구성되는 이 책이, 신비한 바다의 세계를
여러분에게 펼쳐주고, 여러분이 정확한 과학적 지식 위에서 바
다를 이해하고 해양에 도전하는 밑거름이 될 수 있다면 더 없
는 기쁨으로 생각한다.

1986년 여름

역자 대표   이 광우

# 머 리 말

해수가 충만한 바다, 이런 바다를 가지고 있는 것은 태양계의 행성 중에서도 지구뿐이다. 지구 표면의 약 3분의 2는 바다로 덮여 있고, 이것이 지구를 특색적인 것으로 만들고 있다. 지구 위에 사는 우리 인간은 바다와 깊은 관계를 가졌다고 배워왔다. 이를테면 지구 위의 생명은 바다에서 싹이 텄다고 하고, 지구 위의 생물의 혈액은 성분상으로 해수와 닮았다고 하며, 환자의 점적(點滴)으로 사용되는 링게르액은 생리적 식염수라고 불린다. 심지어는 태평양전쟁 때, 일본 국내에서 기름이 바닥나자, 어떤 맹랑한 사람이 해수에다 물감을 섞어, 기름이라 속여 팔아 한탕을 쳤다는 기막힌 얘기도 있다.

어떻든, 이와 같이 바다와 우리와의 관계는 여러 가지 의미에서 관계가 깊다. 그러나 우리는 과연 바다에 관한 일을 잘 알고 있을까? 대답은 부정적이다. 왜냐하면 우리 인간은 뭍에서 생활을 영위하며, 바다에 대해서는 그것의 극히 작은 일부분, 윗면만 바라보고 있을 뿐이기 때문이다. 바닷속에는 뭍에서는 상상조차도 못할 세계가 있다. 뜻밖의 희한한 일도 많고, 재미있는 일도 많다.

바다의 연구에만 전념하고 있는 과학자들에게, 꼭꼭 챙겨 두었던 재미있고 유익한 얘기를 써 주십사고 부탁하여 엮은 것이 이 책이다. 고교생이나 일반인들도 이해할 수 있도록 쉽게 설명하기로 했다. 한 가지 항목을 10분쯤이면 읽을 수 있게 짤막짤막하게 배려했다. 그러나 그 내용만은 해양국 일본의 제일선 과학자들이 온갖 정성을 다하여 진지하게 쓴 읽을거리이다. 즐기면서 바다의 실태를 알아 주었으면 한다.

SF의 효시의 하나로 꼽히는 베르느(J. Verne)의 『해저 2만리그』(1리그(league) = 약 3마일)라는 것이 있다. 이 책이 씌어졌던 19세기의 바다의 세계는 바로 낭만의 세계였다. 마치 별나라의 세계처럼 ──. 이것은 지금에 있어서도 변함이 없다. 그러나 낭만의 추구뿐만 아니라, 우리의 생존과 생활에 현실적으로 깊은 관계를 맺고 있는 바다를 우리는 좀더 잘 알아야 할 필요가 있다. 이 책은 이런 면에서도 큰 도움이 될 것이라 믿는다.

# —— 차  례——

# 1. 생명을 낳은 바다

❖ 생명이 바다에서 태어난 증거

인간이나 다른 동물의 혈액조성(組成)과 해수의 조성을 비교해 보면, 이상하게도 매우 닮은 점이 많다. 표 1을 살펴보자. 이런 사실을 맨 먼저 착안한 것은 매칼룸(MacCallum)이라는 사람으로 1926년의 일이었다. 또 최근에는 일본의 에가미(江上)라는 연구자가 학설을 발표하여, 해수 속에 있는 미량원소(微量元素) 중에서 농도가 높은 것일수록, 많은 생물에게 있어서도 그 필요도가 높다는 사실을 밝혀냈다. 또 예로부터 오래된 화석에는 바다의 생물만이 발견되고 있다는 사실이 알려져 있다.

이런 일들로부터 현재는, 생명이 바다에서 태어난 것이 거의 확실하다고 생각되고 있다. 태양계의 행성 중에서 지구가 지니는 가장 큰 특색은 바다와 생명을 가지고 있다는 점이고, 이 둘은 마치 모자(母子)와도 같은 관계에 해당한다. 그렇다면 생명은 어떻게 하여 바다에서 탄생했을까? 시간을 거슬러 올라

**표 1** 각종 동물의 혈액(체액)과 해수의 주요 염류의 비교
(염소의 중량을 100으로 한 경우의 다른 이온의 중량)

| 이 온 | 해수 | 사람 | 소 | 여우 | 전갈 |
|---|---|---|---|---|---|
| 나 트 륨 | 56 | 89 | 93 | 100 | 57 |
| 마 그 네 슘 | 7 | 2 | — | 1 | 3 |
| 칼 슘 | 2 | 3 | 3 | 5 | 3 |
| 칼 륨 | 2 | 4 | 6 | 5 | 1 |
| 염 소 | 100 | 100 | 100 | 100 | 100 |

〔 Biology Data Book 으로부터 계산 〕

가서 바다의 탄생에서부터 최초의 생명이 탄생하기까지, 그 순서를 좇아 살펴보기로 하자.

❖ **바다의 탄생**

지구는 지금으로부터 45억년 전에 탄생했다고 생각되고 있다. 그 후 지구 내부로부터 분출한 대량의 가스에 의해 지구의 대기(大氣)가 형성되었고, 그 속에는 대량의 수증기가 포함되어 있다. 그리고 지구가 차츰 식어감에 따라 수증기가 응축하여 지표면으로 내리쏟아 바다를 형성하게 되었다.

태어난지 얼마 안되는 바다는, 역시 형성된지 얼마 안되는 대기 속에 있던 염산을 녹였기 때문에, 강한 산성(pH3~4로 생각되고 있다)을 나타내게 된 것이라고 추정되고 있다. 그러나 해저에 있는 암석 등과 반응을 함으로써, 비교적 빨리 중화(中和)되었다. 그리고 그 후 현재에 이르기까지 30수억년 동안, 바다는 기본적으로는 그 조성을 바꾸지 않았던 것으로 생각되고 있다.

❖ **생명의 재료형성**

바다에 중화가 일어났던 시대에는 아직 대기 속에는 산소가 함유되어 있지 않았기 때문에 지표면에는 강력한 자외선이 도달해 왔었다. 또 번개의 방전(放電) 등도 더불어져서, 이들 대기 속의 무기 가스성분으로부터 생명의 탄생에 필요한 유기물(有機物)이, 생명의 힘을 빌지 않고서 만들어진 것이라고 생각된다. 이런 유기물로서 현재 생각되고 있는 것으로는 각종 아미노산·핵산·당·지방산·알콜 등 생체를 구성하는데 필요한 재료물질이다. 또 이들 유기물질의 일부는 현재도 운석(隕石)이나 우주공간에서 발견되고 있으므로, 우주 탄생 때에 어느 정도는 지구로 끼어들었을 것이라는 생각도 충분히 할 수 있다.

이 유기물들은, 만약 현재의 해양 속에서 같은 과정에 의하여 만들어졌었더라면, 아마 세균 등의 미생물에 의해 소비되어 버렸을 것이므로 축적되지 못했을 것이다. 그러나 그 당시의 바다에는 아직껏 생물이 나타나지 않았고, 또 산소도 대기 속에 존재하지 않았기 때문에, 이같은 유기물은 차츰차츰 바닷속에 축적되고, 비교적 농도가 높은 곳도 있었던 것이라고 생각된다.

그렇다면 이와 같은 유기물이 어떻게 하여 최초의 생명체, 즉 원시세포(原始細胞)로까지 발달했을까?

❖ 생명의 탄생

이 문제에 대해서는 지금까지 오파린(A. I. Oparin), 베르날 (J. D. Bernal), 폭스(S. Fox)등에 의한 학설로서 나와 있지만, 그 중에서도 바다와의 관계를 가장 중요시 한 사람은 일본의 에가미, 야나가와(柳川) 들일 것이다. 그들은 수억년이 걸려서 진행되는 생명의 탄생과정을 실험실 안에서 단시간에 진행시키기 위해 "수식해수(修飾海水)"라고 명명한 해수의 모델을 만들었다. 이것은 해수속의 식염 이외의 성분의 농도를 1000배에서 10만배로 증가시킨 것이다. 이와 같은 모델 해수 속에 초기의 바다에 있었다고 생각되는 아미노산을 보태어 150℃에서 4주간쯤 반응시키면, 세포를 닮은 구상(球狀) 물질이 많이 발생하는 것을 관찰할 수 있었다.

그들은 이와 같은 물질이 모델 해수 속에서 만들어진 점에 유의하여, 바다의 입자(粒子)라는 의미에서 이것을 "마리그래늎(marigranule)"이라고 명명했다(사진 1).

마리그래늎은 단순히 그 형상이 세포를 닮았을 뿐만 아니라, 그 성분도 단백질같은 물질로 되어 있어 오파린, 폭스 들이 생각했던 모델과 함께 원시세포의 가장 유력한 모델의 하나로 생각되고 있다.

❖ 해양형 생명

중화한 후 현재에 이르기까지, 해수의 주성분이 기본적으로는 변화하지 않았다는 것은, 생명의 탄생과 진화에 매우 중요한 의미를 갖는 것이라고 생각되고 있다. 그것은, 생명은 이와 같이 긴 기간, 바다의 조성이 바뀌어지지 않았기 때문에 탄생했으며, 그 후에도 안정된 가운데서 진화과정을 진전할 수 있었던 것이 틀림없다.

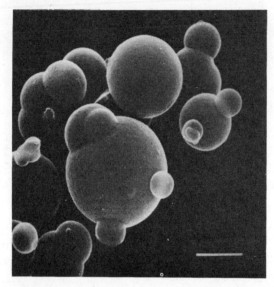

**사진 1** 수식해수 속에서 9종류의 아미노산 혼합물로부터 성장한 마리그래
늅의 주사형 전자현미경(막대의 길이＝1 $\mu$ m). 〔야나가와씨 제
공〕

생명이 탄생했던 시기는 바다가 중화한 직후일 것이라고 추
정되고 있는데, 만약에 그 후의 해양의 조성이 크게 변동했더
라면, 외계(外界)의 영향을 받기 쉬운 원시적인 생명은 금방
절멸되고 말았을 것이다. 인간이나 다른 동물의 혈액조성이 해
수의 조성과 흡사하다는 것은 이미 말한 바 있지만, 이와 같은
관계는 30 수억년 전 바다가 중화될 때가 그 출발점이었을 것
이다.

또 혈액의 조성은 생체 내의 거의 모든 사항, 이를테면 효소
의 구조와 반응형식, 생체를 구성하고 있는 재료 등에 영향을
끼친다. 이런 의미에서는 지구 위의 생명은 곧 "해양형 (海洋
型)"이라고 말해도 될지 모른다.

만약 지구 이외의 천체에 바다와 생명이 있을 경우, 이 관계

는 어떻게 되는 것일까? 또 바다가 없는 천체에도 생명이 존재할까? 우리가 장래에 우주여행에서 이와 같은 생명과 접촉할 때까지, 이 의문은 즐거운 숙제로 남겨 두기로 하자.

# 2. 생물을 키워준 바다

### ❖ 위대한 어머니──바다

생물에게 있어서 바다는 곧 어머니와 같은 존재이다. 어쨌든 생물을 낳아, 자라게 하고 마침내는 육상으로까지 올려 보냈다. 바다는 탄생한 후에 중화(中和)한 이래 현재에 이르는 30수억 년 동안, 그 조성을 거의 바꾸지 않은 채로 안정된 환경에서 생물을 키워왔다.

그러나 바닷속에서 생물이 발전한 과정은 결코 평탄하지는 않았다. 이제 막 생명을 지니게 된 원시적인 생물은, 몇 번이나 멸망의 위기를 극복하고 자기를 확립하여, 마침내 어머니인 바다의 품을 벗어나 육상으로 진출해 갔다. 그것은 마치 갓 태어난 아기가 질병 등의 온갖 위기를 극복하고 성장하여, 자아(自我)의 싹틈과 함께, 마침내 어머니의 품안을 벗어나는 과정과도 매우 흡사하다.

### ❖ 광합성 생물의 출현

탄생 직후의 원시적인 생명이, 그 후 바닷속에서 더듬어 나간 진화과정에 대해서는, 이를테면 그 당시의 화석(化石)과 같은 증거로 될 만한 것이 매우 적어서, 다분히 추론에 의지할 수밖에 없다. 그러나 최근에는 이 방면에도 새로운 데이터와 많은 학설이 나오고 있다. 그래서 그것들을 바탕으로 하여 생물의 탄생에서부터 상륙까지의 과정을 더듬어 보기로 하자.

오파린, 버날, 폭스, 에가미들과 같은 연구자의 모델에 따르면, 갓 태어난 원시적인 생물은 당초에는 아직도 허약해서 늘 소멸될 위험성을 지니고 있었으나, 안정된 해양환경 속에서 차츰 복잡한 구조를 형성하여 마침내 최초의 세포가 나타났다.

이같은 세포는 증식하는 데에 따라 주위의 환경에 축적되어 있
던 유기물을, 자기의 몸을 형성하는 재료와 에너지원으로 삼아
소비하기 시작했다. 그 결과 해양환경 속의 유기물이 차츰 감
소되어, 그대로 나가다가는 생물 전체가 멸망할 가능성이 생기
게 되었다.

생물이 어떤 방법으로 이것을 극복했는가에 대해서는  많은
학설이 나와 있지만, 여기서는 오파린의 견해를 소개하기로 한
다〔그는 자신의 학설을 사상가인 엥겔스( F. Engels의 ) 『자연의 변증법』
이라는 책을 토대로 하여 정리했다고 한다〕.

「이용 가능한 유기물의 감소라는 위기에 직면한 생물은,
무진장한 태양빛과 소량의 염류(鹽類)에서부터 유기물을 생
산할 수 있는 광합성계(光合成系)로 발전시켜 나갔다.  이
계(系)는 종래의 주요한 에너지 획득형식이던 효소계 (酵
素系)에 다시 새로운 대사계 (代謝系)를 첨가한 것이다. 이
결과 생물은 유기물의 양에 구속되지 않고, 장래의 큰 발
전이 약속되었다. 위기에 직면한 생물은 그것을 오히려 좋
은 시련으로 삼아, 한층 더 적극적으로 자기를  발전시켜
무사히 위기를 극복해 나갔다.」

그때까지의 생물은 유기물을 필요로 했기 때문에 "종속 영
양생물(從屬榮養生物 )"이라고 불리며, 새로이 탄생한  생물은
광합성계에서 필요한 유기물을 합성하기 때문에 "독립 영양생
물 "이라고 불린다. 종속 영양생물과 독립 영양생물을 포함하
여, 아래의 설명에 있어서는 표 1 을 대조하며 읽어나가면 한

표 1  영양형식 및 세포의 체제로 생물을 분류

| 영 양 형 식 | 주요 에너지<br>획득 방법 | 원 핵 생 물 | | 진 핵 생 물 | |
|---|---|---|---|---|---|
| | | 단세포생물(다세<br>포생물은 없음) | 단세포생물 | 다세포생물 |
| 종속영양생물 | 발효, 산소호흡 | 세균, 마이코플라<br>스마 | 균류, 원생<br>동물 | 동물(원생 동물 제<br>외) |
| 독립영양생물 | 광 합 성 | 남조, 광합성세균 | 조류의 일부 | 식물, 조류의 일부 |

결 이해하기 쉬울 것이다.

### ❖ 산소의 발생과 생물의 발전

광합성을 영위하는 독립 영양생물의 출현은, 생물의 진화역 사상 최대 사건의 하나이며, 그 후 지구 위 전체를 생물로 뒤덮을 만큼 발전시켜 나가는 커다란 원동력이 되었다. 즉 독립 영양생물에 의해 많은 유기물과 함께 산소가 만들어지게 되었고, 이 때문에 그 이후 지구의 대기 속에는 차츰 산소가 증가하게 되었다. 현재 우리가 호흡하고 있는 산소의 대부분은, 식물과 같은 독립 영양생물에 의해서 만들어진 것이다.

산소가 있게 되고부터 생물은 그것을 이용하여 보다 효율적인 에너지의 획득방법, 즉 산소호흡을 발전시켰다. 이 호흡은 현재 인간을 포함한 많은 생물이 채용하고 있는 에너지의 획득방법인데, 그때까지의 산소를 사용하지 않는 발효(醱酵)와 비교하면, 많은 에너지를 효율적으로 얻을 수 있었기 때문에, 그 후의 생물계에 큰 발전을 가져다 주었다.

그것의 가장 좋은 예로는 진핵생물(眞核生物)과 다세포생물(多細胞生物)의 출현일 것이다. 그때까지는 비교적 원시적인 세포체제를 지닌 원핵세포(原核細胞)의 시대였으나, 새로이 출현한 진핵생물은 세포 내에 분화(分化)된 기관(器官)을 가진 것으로 세포의 구조가 한층 복잡하게 되어 있다. 특히 핵의 형태가 뚜렷한 것이 큰 특징이다. 현재 우리 주위에서는 세균과 남조(藍藻) 등이 원핵생물이고, 그보다 고등한 생물은 거의가 진핵생물이다.

또 세포 내의 고도로 유기적(有機的)으로 된 진핵생물은 다시 단세포생물(單細胞生物)로부터 다세포생물을 낳았다. 단세포생물이란 한 개체가 한 세포로 구성되기 때문에 매우 작으며, 대개의 경우는 현미경을 쓰지 않으면 관찰할 수가 없다. 그것에 대해 다세포생물은 대부분의 세포가 집합하여 하나의 개체를 구성하고 있으므로 비교적 커서, 보통 육안으로 관찰되는 생물의 거의는 다세포생물이라고 생각해도 된다.

❖ **마침내 육상으로**

다세포생물의 출현으로 생물권(生物圈)은 무척이나 다채로 와졌다. 다시 약 6억년 전이 되면, 생물은 다채로와졌을 뿐만 아니라 양적으로도 크게 증가하여, 이 무렵부터는 생물에 관해 서는 여러 가지 화석이 얻어지게 된다. 이 때문에 그 이후는 비 교적 확실한 증거를 바탕으로 하여, 우리는 생물의 역사에 대 해서 말을 할 수 있게 되었다.

그리고 약 5억년 전에는 최초의 식물이 육상으로 상륙하기 시작했다. 이 시대가 되면 해양 속의 독립 영양생물의 활동에 의해서 대기 속의 산소도 상당히 풍부해졌고 오존층도 형성되 어 있었다. 따라서 육지에 내리쏟는 자외선이 꽤나 약해져서 식 물의 상륙이 가능해졌을 것이다. 그 후는 지구 전체의 광합성 활동이 더욱 활발해지고, 대기 속의 산소의 농도도 한층 증가 했다. 그런 상황 속에서 일부의 동물은 먹이가 될 식물과 풍부 한 산소를 좇아 상륙하기 시작했다. 그리하여 마침내 생물은 어 머니인 바다의 품 속에서 벗어나게 되었다.

다만 이때 생물은 어머니인 바다와 완전히 인연을 끊어버린 것이 아니라, 해수와 매우 닮은 조성의 혈액을 지니고 상륙했 다. 그것은 곧 생물에게 있어서 해수의 조성은 살아가기 위한 불가결의 것이었기 때문일 것이다. 생물의 탄생에서부터 상륙 까지는 약 30억년쯤이 걸렸을 것이라고 추정되고 있는데, 식물 의 상륙에서부터 현재까지는 아직 5억년 쯤밖에 경과하지 않 았다. 인간을 포함한 육상생물의 역사는, 생물 전체의 역사로 본다면 이제 겨우 1/7에 불과하다고 말할 수 있다.

❖ **새로운 위기의 극복**

지금 인류는 우주선(宇宙船)으로 지구를 벗어나려 하고 있다. 이것은 생물의 역사에 있어서 바로 바다에서 육지로 상륙을 시작한 일과도 맞먹을 만한 큰 사건이다.

일찌기 생물이 아직도 바닷속에 살고 있었을 때, 그들은 먹 이가 될 유기물의 고갈에 직면하게 되자, 무한한 태양에너지를

이용하는 광합성을 개발했었다. 우리 인류도 계속하여 고도의
문명을 발전시켜 나가기 위해서는, 이 이상 식물을 더 감소시
키지 않는 동시에, 어떤 의미에서는 무한한 태양에너지를  이
용하는 새로운 시스팀을 만드는 것이 불가결한 일일 것으로 생

# 3. 바다에서 사는 생물, 뭍에서 사는 생물

❖ 생명의 보금자리 —— 바다

항공기에서 내려다 보는 바다는 단순한 물덩어리나 물리학적인 대상으로서의 유동체로 보일는지 모른다. 그러나 물가나 산호초의 바다에 노닐면서 물 속을 들여다 보고, 거기에 사는 생물의 풍부함에 놀라지 않는 사람은 아마 없을 것이다. 또 생물과학을 지망하는 사람은, 반드시 임해(臨海)실험소에서의 생활을 보내면서, 생물의 생활권(生活圈)으로서의 바다의 광대함과, 거기에 사는 무리들의 다양함에 새삼 눈을 뜬 체험을 가졌을 것이다. 생각할 수 있는 온갖 모습과 갖은 생활을 전개하고 있는 바다의 생물과 친숙해질 때, 지금으로부터 수십억년 전의 태고적의 바다에서, 자신을 조절할 수 있는 기능을 지닌 유기생명체(有機生命體)가 탄생했다는 생각을, 아무런 저항도 없이 확신할 수 있을 것이다.

바다는 거의 모든 동물군(動物群)의 생활의 터전으로 되어 있다. 다만 곤충류만은 최대의 예외에 속한다. 곤충은 지상과 민물(淡水)에서 극단적으로 종(種)의 분화(分化)를 일으켜, 지구 위에서 100만종이 넘는 동물 중의 3/4을 차지하는 큰 그룹이지만, 곤충류는 다른 대부분의 동물문(動物門)이 바다에서 출현한 이후에 비로소 육상에 나타나 진화한 그룹이라고 말하고 있다. 그 때문에 이미 선주자(先住者)가 있는 바다로는 생활범위를 넓혀갈 수 없었고, 극소수의 종만이 예외적으로 해안부근과 해양의 표면에서 생활하고 있을 뿐이다.

적어도 성충(成虫)이 되면, 체제적으로도 기관계(氣管系)라고 하는 공기호흡기관을 가지며 또 몸을 경량화(輕量化)하여

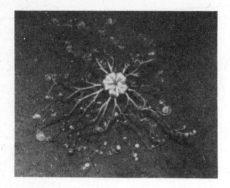

사진 **1** 거미불가사리
무리 (사가미만, 수심
500m )극피동물( 갯고
사리류, 불가사리, 섭게,
해삼의 무리 )은 예외
없이 바다에 사는 것들
뿐이다.

"체표면／체적"비를 크게 하게끔 진화한 결과, 공기와 물의
경계를 넘어서 물 속으로는 들어갈 수 없게 된 것같다. 또 생
리적으로도 곤충의 근육과 신경계는 뭍의 생활에 맞도록 특수
화되어 있어, 바다라는 환경에는 친숙해질 수가 없었다는 설
도 있다.

식물계에 있어서도 종자식물(種子植物)은 동물계에 있어서의
곤충과 꼭같은 사정에 있으며, 해양에서는 뭍에서 볼 수 있는
「꽃에 나비」라는 것은 볼 수가 없다. 척추동물에서는 양서류
(개구리, 영원류 )가 바닷속으로는 진출하지 못한 그룹이다.

이것에 대해 바다라는 환경에서 떠날 수가 없었던 동물그룹
의 예는 헤아릴 수 없이 많다. 극피동물(棘皮動物 : 예＝섭게,

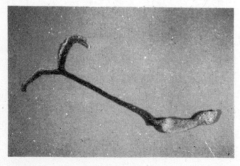

사진 **2** 길고 두 갈래
로 갈라진 주둥이를 가
진 개불의 무리는 얕은
바다에서부터 초심해에
이르기까지에서 볼 수
있는데, 모두 해산종이
다.

불가사리, 해삼 등 사진 1), 반삭동물(半索動物；예＝의삭류), 모악동물(毛顎動物；예＝화살벌레류), 성구동물(星口動物；예＝별벌레류), 유절동물(有櫛動物；예＝빗해파리류), 완족류(腕足類), 개불류(蟲虫類；사진 2), 추충류(籌虫類), 만각류(蔓脚類；예＝따개비, 거북손류), 바다거미류, 두족류(頭足類；예＝문어, 오징어류) 등은 거의 완전한 해산종(海產種) 그룹이며, 해면동물(海綿動物)과 강장동물(腔腸動物；예＝해파리, 산호류 등), 다모류(多毛類；예＝갯지네 무리)도 사실상 해산종만을 포함한다.

### ❖ 바다라는 환경

해양은 육상과 환경조건이 달라, 생물에게는 여러 가지로 편리한 점도 있고 또 이것이 몸의 외형이나 생리학적 기능에 제한을 주고도 있다. 첫째로 해수라고 하는 액체인 매질(媒質)이 공기보다는 훨씬 밀도가 높고, 또 점성(粘性)이 높은 물리적인 성질과 관계되는 현상이다. 아르키메데스(Archimedes)의 원리에 의해, 바닷속에서는 튼튼한 지지골격(支持骨格)이 없어도 몸을 지탱할 수가 있다. 해파리나 말미잘, 몸길이가 1.5 m나 되는 대형 왕오징어도 그 몸이 수압에 짜부라지지 않고 생활할 수 있으며, 유사(有史) 이래 최대의 생물이라 일컫는 흰긴수염고래(白長鬚鯨)도 몸길이가 30 m, 중량 150 t이나 되는 거구를 자신의 체중으로 짜부라뜨리지 않고서 유지할 수가 있다.

물론 소형 생물도 해수의 큰 밀도와 점성에 지탱되어 별로 큰 노력을 하지 않고서도 중력(重力)을 거슬러 떠돌아 다닐 수가 있다. 또 삼차원(三次元)적으로 생활공간을 찾아, 평생을 해수 속에서만 사는 플랑크톤(plankton：부유생물)이나 넥톤(nekton：물고기와 같은 유영생물)이라는, 육상에서는 생각조차 할 수 없는 생활양식의 동물이 존재할 수 있다. 이것에 대해 아무리 새나 박쥐, 곤충이라 할지라도, 공중에서 잠을 자거나 자손을 증식하거나 하는 일은 불가능하다.

또 육상에서는 지면에 주저앉아서 식물적인 생활을 보내는 동물은 거의 찾아 볼 수 없지만 바닷속에는 헤아릴 수 없이 많다. 이것은 먹이가 물과 더불어 지나가는 것을 쉽사리 잡을 수 있다는 점과, 유생(幼生:자손)을 물에 실어 분산시킬 수 있다는 점에 관계가 있는 것으로 생각된다. 바닷속에서는 땅 속에서 살거나, 육상의 토양 속에서 활동하기 보다는 적은 에너지의 소비로 가능할 것이다. 반대로 물 속에서 큰 이동속도를 얻으려면, 앞으로 차고 나가야 할 단단한 지반이 없는데다 물의 점성에 의한 큰 저항을 받기 때문에, 이것을 극소화하기 위해서는 몸을 방추형(紡錘形)으로 하지 않으면 안되는 형태상의 제약을 받지 않을 수가 없다.

바다의 특성의 두번째로는 환경의 물리·화학적인 조건 변화의 폭이 지상에서보다 일반적으로 작다는 점을 들 수 있다. 조간대(潮間帶:해안의 만조선과 간조선의 사이 부분)에 자리잡고 생활하는 동물 이외는, 건조에 대한 방어가 필요하지 않다. 조수가 고이는 곳이나 하구는 따로 쳐더라도, 물의 큰 비열(比熱) 때문에 생기는 온도의 변화가 작고, 또 해수의 화학적 성분의 조성과 농도는 세계의 모든 바다에서 거의 일정하다.

이 해수라는 매질의 물리·화학적인 항상성(恒常性)은, 생물체 내의 물리·화학적 조건의 항상성을 보장하는 데에 매우 유리하다. 특히 바다에서 나는 무척추동물의 체액인 무기염류(無機鹽類)의 조성은, 해수의 성분과 거의 같은 조성과 농도로 되어 있어, 체내의 물의 분량을 조절하는 삼투압(滲透壓) 조정의 부담에서 벗어나 있다. 하기는 물고기 등 척추동물 이상의 고등동물은 혈액 속의 염류농도가 해수보다 낮게 되어 있으므로, 염류를 체외로 배출하고 체내로 수분을 확보하는 기구(機構)가 필요하다.

세째로 해수는 빛을 투과하기 어려운 매질로, 사실상 수 백 m보다 더 깊은 데는 자연의 빛이 닿지 않는다. 약간 깊은 바다에서 빛을 감각신호로 사용할 경우에는, 광 감각기관(光感覺器官)의 성능을 매우 높여야 할 필요가 있다. 1,000 m를 넘는 심해에서는 오히려 소리나 진동, 화학자극(구리다고 표현하고 싶지만,

매질이 물이기 때문에 미각과 후각의 구별이 안된다)을 신호로서 지각(知覺)하는 것이 늘어나고 있다. 극단적인 경우는 눈이 완전히 퇴화(退化)되어 있다. 심해어(深海魚)의 몸의 측면이나 머리부분에 물의 움직임을 감지하는 감각구멍(感覺孔)이 발달해 있는 것이 많고, 또 수염이나 지느러미의 일부가 뻗어서 화학적 자극을 감지하는 화학수용기관으로 되어 있는 것도 볼 수 있다.

빛이 깊은 부분까지 도달하지 않기 때문에, 식물의 광합성에 의한 유기물의 생산은 표층의 약 150 m 이내에 치우쳐 있다. 따라서 동물의 먹이를 취하는 방법이 심도방향(深度方向)을 따라서 치우치게 되는데, 이것에 대해서는 항목을 달리하여 설명하기로 한다(→ Ⅳ권 참조).

끝으로 온세계의 바다는 하나로 이어져 있는데도 불구하고, 세계 공통의 동물종이 오히려 드물다고 하는, 얼핏 보기에 모순되는 문제가 남아있다. 이것은 물질적으로는 균일하게만 보여지는 바다의 세계에도, 각각의 지역에 고유한 법칙을 좇고 있으며, 또 거기에 사는 생물도 미세한 해양의 구조에 적응하려고 진화해 왔기 때문이다. 바로 이런 문제를 해결하는 것이 해양학(海洋學)의 출발점이라고 말할 수 있다.

# 4 . 바다의 생물, 그 크기와 수

### ❖ 물체의 크기와 수

우리 주변에 있는 물체의 크기(체적)와 수와는 어떤 관계가 있을까? 누구나가 직감적으로 느끼는 것은 작은 것일수록 개체(個體)가 많을 것이라는 생각인데, 과연 이것은 진실일까?

이를테면 모래알은 바위의 수보다 많고 유리조각은 자질구레한 것일수록 많다. 또 이것은 우리가 강변에서 돌을 주어서 그수와 체적과의 관계를 관찰할 경우에도 경험하는 일이다. 이와같은 경우, 크기와 체적과의 관계를 살펴보면 그림 1과 같이되어 있는 일이 많다.

그러나 우리가 자기 방안을 둘러보았을 경우에는, 반드시 이것이 적용되는 것이 아닐지도 모른다. 그것은 인간은 가구나도구 등을 자기가 쓰기 쉬운 크기로 만드는 경향이 있기 때문에, 아무래도 그만한 크기를 지닌 물체의 수가 많아지기 마련이다. 이런 경우에는 물체의 체적과 수의 관계에 인위적인 영

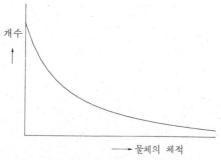

그림 1 물체의 체적과 수의 관계 (對數曲線)

향이 개재되고 있다.

### ❖ 바다의 생물의 크기와 수

그렇다면 바다에 사는 생물에 있어서는 이 체적과 수의 관계가 어떻게 적용되고 있을까? 이를테면, 물고기의 수와 이보다 훨씬 작은 박테리아의 수는 과연 어느 쪽이 더 많을까?

생명이 없는 물체는 인간의 영향이 없을 때는 그림 1과 같은 분포를 보이지만, 생물체의 분포에서는 이따금씩 그것을 흐뜨려 놓는 인자(因子)가 끼어든다. 다음에서 그 인자를 살펴보기로 하자.

먼저, 생물체의 크기는 각각 자기가 가지고 있는 DNA에 의해, 종류마다 거의 일정한 크기가 되게끔 유전적으로 컨트롤되고 있다. 하지만 모래알과 같은 비(非)생물적인 물체에는 이와 같은 기구(機構)가 없다. 또 바닷속의 생물은 저마다가 독립으로 존재하는 것이 아니라, 서로 먹이사슬(食物連鎖)의 관계에 놓여 있다. 즉 큰 물고기는 작은 물고기와 동물플랑크톤을 잡아먹고, 동물플랑크톤은 식물플랑크톤을 잡아먹고 생활하는 따위의 관계이다. 이 때문에 일반적으로는 큰 것이 작은 것을 잡아먹고, 그 수를 줄여가는 경향이 있다.

또 적조(赤潮 : 바다에서 플랑크톤의 이상(異狀)증식 때문에, 해수가 붉은 색이나 갈색으로 되는 현상)와 같은 돌발적인 현상으로 말미암아, 어떤 한 종류의 생물만이 일시적으로 증가하여, 그 곳에서 대부분의 양을 차지하게 되는 일이 있다. 이런 경우에는 일시적으로 어떤 특정 크기의 생물의 수만이 매우 많아진다.

그러나 이런 혼란이 있다고 하더라도, 이들의 영향은 그리 큰 것은 아니며, 기본적으로는 바다의 생물수와 체적은 그림 1에 보인 것과 같은 관계로 되어 있다는 것을 가리키는 데이터가 몇 가지 나와 있다.

이를테면 일본의 후루타니(古谷)와 마루시게 (丸茂)라는 연구자들은 구로시오(黑潮 : 일본열도를 따라 남에서 북으로 흐르는 난류)와 그 주변 해역에서 식물플랑크톤의 크기와 수를 측정한

결과, 그림 1과 같은 관계가 성립
되고 있다는 것을 보고하고 있다. 또
미국의 Sherdan들은 사르가소 해
의 해수 속에 있는 1 $\mu$m(= 1 / 10
00 mm ) ~ 128 $\mu$m의 미소한 생물과
비(非)생물적인 입자의 수와 크기
를 측정하여, 그림 1과 흡사한 분
포곡선을 얻었다. 또 그들은 이와
같은 곡선이, 작은 것으로는 식물
플랑크톤에서부터 크게는 고래에 까
지 성립되고 있다고 말한다. 참고
삼아 그림 2에 각종 생물의 크기를
보여두었다.

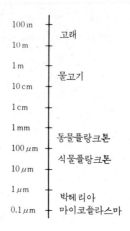

그림 2 각종 생물의 크기

그렇다면 식물플랑크톤보다 더 작은 생물에 대해서는 이 관
계가 성립되지 않는 것일까? 이런 생물로는 박테리아와 마이
코플라스마(mycoplasma)가 있는데, 해양 속의 박테리아의 개수
에 관한 데이터는 아직은 앞으로의 연구에 기대를 걸어야 할
단계이고, 마이코플라스마의 수에 관한 데이터도 역시 아직까
지는 거의 얻어지지 못하고 있다. 마이코플라스마는 다른 생
물에 공생(共生)하여 생활하는 일이 적지 않아, 그 수를 알
아낸다는 것은 쉽지 않을 가능성도 있다. 그러나 만약에 그림
1의 관계가 성립된다고 한다면, 박테리아나 마이코플라스마
도 매우 많은 개수가 바닷속에 있다는 것이 되는데, 과연 그렇
게 되는 것인지 매우 흥미있는 일이다.

❖ **생물의 크기의 범위**

현재, 마이코플라스마는 가장 작은 생물로 생각되고 있는데,
크기가 이보다 더 작아지면 DNA의 크기도 매우 작아질 것이
므로, 아마 생물적인 활동에도 지장이 생기게 될 것이다.

한편, 현존하는 최대의 생물은 고래인데, 이보다 더 큰 생물
이 없다는 것은 생물체를 형성하고 있는 골격 등의 강도가 한

계선에 도달해 있기 때문이라고 생각되고 있다. 물론  골격의 재료를 인산칼슘보다 더 강한 것으로 한다면, 더 큰 생물의 존재도 가능할지 모르지만, 그와 같은 것은 어떤 또 다른 이유에서 생물체의 재료로는 적당하지 않았을 것으로 생각된다.

이렇게 하여 바다생물의 크기는 어느 범위 안에 있으며,  그 속에서는 작은 생물일수록 수가 많다는 것을 시사하는 데이터가 몇 가지 있다. 그러나 이것이 완전하게 해명되려면  아직도 앞으로의 연구가 더욱 필요할 것이다.

# 5. 심해수의 나이 측정

### ❖ 심해수의 기원

해수의 밀도는 수온과 염분에 따라 결정된다. 밀도가 작은 (고온 또는 저염분의) 해수 위에 밀도가 큰 (저온 또는 고염분의) 해수가 있으면, 이 해수는 당연히 가라앉게 된다. 바다의 표면에서부터 심해(深海)까지 가라앉게 될만큼 밀도가 큰 해수가 만들어지는 곳은, 지구 위에서는 북대서양 북서부의 그린랜드 외양과 남극대륙의 대서양쪽에 있는 웨델 해의 두 군데밖에 없다.

그러면 이와 같이 심해로 가라앉은 해수는 도대체 어디로 흘러가는 것일까?

북대서양 북부와 남극바다에서 가라앉은 해수가 온세계로 널리 퍼져가는 형상은 심해의 수온, 염분, 산소, 영양염(營養鹽)의 수평분포에 잘 반영되고 있다. 즉 해수가 온세계의 심해를 어떻게 돌아다니는가를 추측하여 그린 것이 그림 1이다. 북대서양 북부로부터의 물은, 대서양의 서쪽 언저리를 따라 남쪽으로 바다의 저층을 흐르면서, 주위의 해수와 섞여서 염분이 낮아진다. 남극바다에서 태평양 서쪽 언저리를 따라 북으로 흐르는 물은 차츰 수온이 높아진다.

북태평양의 심해수는 다른 심해수와 비교하여 수온은 높고, 염분은 낮으며, 산소는 적고, 영양염이 많아지고 있다. 산소가 적고 영양염이 많다는 것은, 해수가 표면에서 가라앉고부터 긴 시간이 지났다는 것을 의미한다. 이런 사실로부터 북태평양의 심해수가 가장 오래되고, 침강(沈降)한 물이 마지막으로 당도하는 곳이 북태평양일 것이라 말하고 있다.

그림 1  Stommel 의 심해수의 움직임

그렇다면 북태평양의 심해수는 바다의 표면에서 가라앉은 뒤 얼마만한 시간이 흘렀을까?  여기에 대해서는 최근의 방사성 탄소—14($^{14}$C)를 이용한 연대측정(年代測定)이 대답해 준다. 이 결과를 보기 전에 $^{14}$C에 의한 연대측정이란 무엇인가에 대해 간단히 설명하겠다.

### ❖ 나이의 측정

$^{14}$C는 의학이나 농학의 연구에 많이 쓰이며, 질소화합물을 원자로(原子爐) 속에 넣고 중성자를 쏘아넣어 만들고 있다. 질소—14 ($^{14}$N)의 원자핵에 중성자가 쏘아지면 중성자가 들어가고, 그 대신 당구공처럼 양성자가 튕겨나와 $^{14}$C가 만들어진다.

그런데 이와 똑같은 현상이 대기의 상층에서 자연적으로 일어나고 있다. 즉 대기 속의 질소에 우주선(宇宙線)에 의한 중성자가 쏘아넣어져서 $^{14}$C 가 만들어지고 있는 것이다. 이렇게 하여 생긴 $^{14}$C는 이산화탄소가 되어 대기 속으로 널리 퍼져가서 생물이나 해수 속으로 섭취된다.  $^{14}$C원자는 지면 1 cm$^2$당 매분 약 100개가 만들어지고 있다. 그런데 $^{14}$C의 원자핵은

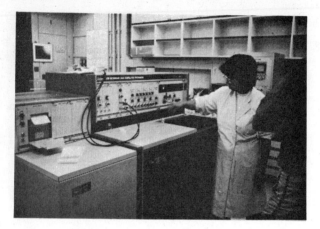

사진 **1** 탄소 –14의 방사능 측정 장치

불안정하므로 전자를 방출하고는 다시 $^{14}$N로 되돌아간다. $^{14}$C
의 원자가 $^{14}$N로 되돌아가는 데는 평균 8,200년이 걸리는데,
어쨌든 대기나 해수 속에서는 보통의 탄소( $^{12}$C)에 대한 $^{14}$C
의 비율은 일정하게 된다. $^{14}$C의 측정은 원자핵이 방사괴변(放
射壞變)을 할 때에 나오는 방사선수(방사능)를 측정하는 것인
데, 무게의 단위를 쓰기보다는 방사능의 단위를 쓰는 편이 편

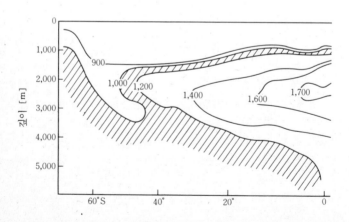

리하다(대기 속의 탄소 1 g에 합유되는 $^{14}C$ 의 방사능은 1분당 약 14이다).

한편, 바다표면에 있던 해수가 가라앉으면 대기로부터 차단되어 $^{14}C$ 의 공급이 없어지기 때문에, $^{14}C$ 는 방사괴변을 하면서 계속적으로 감소하게 되고, $^{14}C$ 와 $^{12}C$ 와의 비가 점점 작아진다. 이 비를 측정하면 그 해수가 해면을 떠나 가라앉고서부터의 경과시간, 즉 심해수의 나이를 계산할 수 있다.

지금부터 10여년 전, 해양의 화학적 성질을 전 지구적으로 조사하려는 계획(GEOSECS)이 미국에서 시작되었다. 이 계획의 실시에 의해 태평양과 대서양 각지에서 해수가 채취되어, 약 1,500개의 시료에 대해 $^{14}C$ 가 측정되었다.

❖ 심해수의 나이

이들 측정값을 기초로, 서태평양의 심해수의 나이를 계산한 것이 그림 2 이다.

남극바다에서 적도 가까이까지 약 1,000 ~ 1,200 년의 해수가 단번에 북으로 흘러가, 적도 부근에서부터는 천천히 북으로 흐르는 동시에 떠올라 간다. 가장 나이가 오래된 해수는 깊이 2,000 m부근이며, 그 나이는 1,800 년으로 측정되었다. 그림에는 나타나 있지 않지만 서부 대서양에서도 똑같은 계산을 해

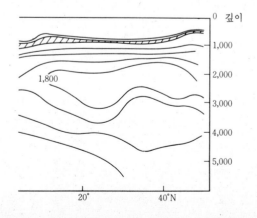

**그림 2** 태평양의 서경 170°선을 따른 남북 단면에 있어서의 심해수의 나이

보면, 북대서양 북서부에서 심해수가 형성되어, 깊이 3,000 m를 중심으로 남쪽으로 흘러가, 적도를 넘어서 남극바다로 들어가며, 나이는 100년에서부터 1,000년으로 증가한다.

그런데 $^{14}C$에 의한 연대측정에 있어서 곤란한 일이 생겼다. 그 하나는 19세기의 산업혁명 이후 화석(化石)연료가 대량으로 연소된 결과, 대기 속에 $^{14}C$를 함유하지 않는 이산화탄소가 증가하여 $^{14}C / ^{12}C$비가 감소되고 있는 사실이다. 또 하나는 1950년 중반부터 1960년대에 걸쳐서 실시된 대기권에서의 핵실험이다. 핵폭발에 수반하여 대기 속으로 방출된 중성자에 의해서, $^{14}C$가 인공적으로 다량으로 만들어진 것이다.

우리가 나이를 측정한 심해수의 대부분은, 이와 같이 환경의 변화가 있기 전의 것이기 때문에, 그와 같은 시대에 있어서의 표면해수의 $^{14}C$의 농도를 알 필요가 있는 동시에, 연령측정에는 현재의 표면해수의 값은 쓸 수가 없게 되어 버렸다.

# 6. 신석기시대 전기의 "조몬"의 바다

## ❖ 잠함 타임 터널

일본의 마에다(前田)라는 잠함(潛函)기사는, 1971년부터 시작된 오사카(大阪)만 연안의 잠함공사(潛函工事) 현장인 해저 밑의 고압(高壓)작업실을 100번이나 건너 다니며, 완신세(完新世)의 퇴적물을 육안으로 관찰해 왔다. 완신세라고 하면 1만년 전부터 현재까지의 기간을 가리킨다. 이 기간은 기후가 따뜻해지고, 대륙의 빙상(氷床)이 녹아 해수량이 증가하면서 해면(海面)이 높아져서 일찌기 육지였던 곳에 바다가 진입(進入)해 왔다. 일본에서는 이것이 신석기시대 전기, 즉 조몬(繩文: 새끼줄무늬)시대 전기에 해당한다 하여 조몬해진(繩文海進: Jomon transgression)이라 일컫는다. 일반적으로 해저퇴적물의 과거의 기록을 연구하기 위해서는 배 위에서 보링(boring)을 하여 소량의 해저퇴적물의 시료를 채취하여 연구한다. 그러나 잠함의 고압작업실에 들어가면, 해저에 가로 누운 퇴적물을 직접 육안으로 관찰하며 시료를 마음대로 채취할 수가 있다.

잠함(潛函)이라는 것은 수면 밑에 있는 연약지층(軟弱地層)을 굴착하기 위해, 커다란 사각형 상자(函)를 가라 앉히고 그 내부를 기밀상태(氣密狀態)로 하여, 깊이에 따라서 압력을 가하여, 함 안으로 물이 솟아 오르지 못하게 막아 가면서 공사를 진행하는 방법이다(그림 1).

필자는 전부터 이 잠함공사 현장을 직접 관찰할 수 있는 기회를 희망하고 있었는데, 마에다씨로부터 그 기회를 얻게 되었다. 그날의 잠함 위치는 해면 아래 20수m이었다. 잠함공사 현장으로 들어가는 데는, 비록 안전점검이 완벽하다고는 하지

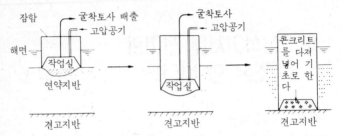

Caison (잠함)은 자체의 무게 또는 가해진 하중(물 등을 주입한
다)에 의해 침강한다.

**그림 1** 잠함공법의 원리도 ( Open caison )

만 그래도 한가닥의 불안이 따른다. 작업대의 압력실에서 가압
하는 동안, 몇 번이나 코를 꼭 쥐고 숨을 죽이며 압력을 조정
해야 했다. 소정의 압력에 도달한 뒤, 샤프트( shaft )에 붙은
수직계단을 단숨에 내려가면 거기가 바로 해저의 작업실이다.
작업실에는 소형 불도저가 달리고 있고, 수명의 작업원이 바쁘
게 일하고 있었다. 잠함의 옆벽에는 퇴적물의 새로이 드러난 단
면이 선명하게 나타나 있었다.

거무칙칙한 점토 위에는 바다의 조개껍질이 보인다. 거무칙
칙한 점토층은 육상의 식물조각들을 포함한 담수성의 니탄(泥
炭)이고, 그 위에는 조간대(潮間帶)에 사는 조개가 채집된다는
것은, 담수에서 해수로 급변했다는 것을 단번에 알 수 있다.
이 순간 처음의 공포감 따위는 없어지고, 그저 멋진 단면의 관
찰과 시료채집에 골몰하여 시간이 가는 줄도 잊고 있었다. 마
에다씨가 시간이 다 되었다고 일러 주었다. 고압 아래서 오래
있으면 감압에 긴 시간을 필요로 하기 때문이다.

❖ **오사카만의 해면변화**

마에다씨는 오사카만의 탄생을 알려주는 해진(海進)을, 오
사카항의 미나토대교(港大橋)의 잠함 속에서 이미 발견하고
있었다. 거기는 해면 밑 31 m의 지점으로, 그보다 밑에는 갈
대줄기나 나무조각이 있는 흑갈색의 점토층이 있고, 그 점토층

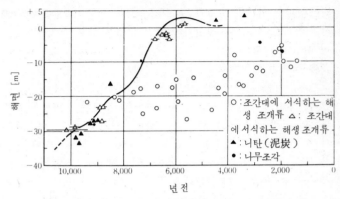

그림 2　오사카만의 해면변화곡선〔마에다씨, 1980에서〕

에는 해생(海生)의 천공패(穿孔貝)인 돌맛조개가 나타났다. 이
것은 분명히 해수가 진입해 온 사실을 가리키는 증거이다. 그
뒤에 이 돌맛조개의 ¹⁴C 연대측정에 의해 그 시기가 10,200
±700년 전으로 판명되었다.

당시의 해면을 결정하는 데는, 조간대에 특징적으로 서식하
는 조개나 규조(珪藻)의 화석(化石)이 효과적이다. 이들 화석
이 발견된다는 것은, 그 지층의 어느 깊이 자체가 당시의 해면
이라고 할 수 있다. 그리고 그 연대는 ¹⁴C에 의해 측정된다.
가로축에는 ¹⁴C연대에 의한 시대척도(時代尺度), 세로축에는 당
시의 해면의 깊이를 눈금으로 표시하여 그것들을 선으로 연결
하면, 조몬해진의 해면의 움직임을 재현한 곡선이 얻어진다.
이와 같이 하여 마에다씨가 오사카만의 해면변화의 곡선을
작성한 것이 그림 2이다. 오사카만 연안에서는 1만년 전의
−31m에서 6,000년 전까지의 해면이 크게 상승한다. 5,000
년 전부터 현재까지의 해면변화는 표시되지 않았지만 대충 현
재의 높이와 같다고 생각되고 있다.

6,000년 전의 바다는 현재의 해면을 웃돌아 +3m의 높이
에 도달하여, 오사카평야의 내부까지 진입하여 크게 펼쳐져

있었다. 이 시대는 고고학(考古學)에서는 조몬시대(繩文時代) 전기에 해당하며, 이 완신세의 높은 해면은 일본 각지에서 널리 관찰되고 있다.

### ❖ 세계의 해면변화

한편, 이와 같이 일본 각지에서 볼 수 있는 완신세의 높은 해면은, 구미에서는 볼 수가 없다. 즉 구미에서는 1만년 동안에 해면이 가장 높은 것이 현재라고 한다. 만일 세계의 해면변화가 빙상의 성쇠에 지배되고 있다고 한다면 어디나 동일한 곡선을 따를 것이므로, 구미의 학자는, 일본의 높은 해면을 일본열도(日本列島)의 융기(隆起)로서만 처리하고 말았다. 왜냐하면 구미의 해면변화가 세계의 표준이라고 했기 때문이다.

그러나 별개의 사실로부터, 거꾸로 구미의 해면변화 곡선에 문제가 있다는 것을 알게 되었다. 대륙에 두꺼운 빙상이 덮여지면, 그 무게로 빙상 밑의 대륙이 내려앉기 시작하고 그와 동시에 빙상주변이 팽창하기 시작한다. 이것은 지하의 맨틀(mantle)이 유동체로서의 성질을 지니가 때문이다. 거꾸로 빙상이 녹으면, 그 반대현상이 일어난다. 얼음이 있었던 곳은 융기하기 시작하고 주변은 함몰하기 시작한다.

구미에서 해면변화 곡선이 그려진 곳은 모두가 빙상 주변이기 때문에, 침강 중인 지대에 포함된다는 것이다. 즉 침강 중인 것이라면 일본에서 볼 수 있는 것과 같은 높은 해면이 나타나지 않는 것은 당연한 일이다. 또 1만년 전과 같이 대량의 빙상이 녹으면, 그만큼 해수가 증가하고, 그 무게로 말미암아 해저가 어느 정도 침강하게 된다. 대륙에 빙상이 얹혔을 때와 같은 일이 일어나는 셈이다. 이 때문에 대양 속의 섬들은 해저와 함께 가라앉게 되고, 어떤 것은 해면 아래로 자취를 감추어 버리는 것도 있었다.

이리하여 해면변화 곡선은 구구하게 되리라는 사실이 겨우 상식화되었다. 또 최근에는 유동체로서의 맨틀의 성질을 알기 위해, 세계 각지에서 해면변화에 관한 정확한 데이터를 수집하는 일이 필요하게 되었다. 이를 위해서는 태평양의 섬들이 좋은 연구대상이 된다.

# 7. 산호초의 굴착

「올 여름은 어디로 가실 겁니까? 」

「피지와 사모아로 산호초를 굴착하러 갑니다. 」

「남태평양이군요… . 정말 부럽습니다 」

출발하기 전에 이런 대화가 여러 번 있었다. 일본의 남서 제도에도 산호초가 있는데, 왜 그토록 멀리까지 갔었느냐고 생각할 것이다.

사실은 지각(地殼) 밑에 있는 맨틀(mantle)의 유동체로서의 성질을 알기 위한 데이터를 수집하기 위해 남태평양으로 갔었다. 맨틀의 유동체로서의 성질을 알기 위해서는, 해면변화의 경시적(經時的)인 변화를 지구적인 규모에서 조사할 필요가 있다. 산호초는 해면 가까이에서 형성되므로, 과거의 산호초는 당시의 해면의 높이를 가리키고 있다. 또 같은 섬에서 시대가 다른 산호초는 과거로부터 현재까지의 섬의 융기·침강을 포함하여, 해면의 상대적인 상하변동을 기록하고 있는 것이라고 말할 수 있다. 또 산호화석은 ¹⁴C에 의한 연대측정(年代測定)의 매우 좋은 시료(試料)가 된다.

1982년에 일본, 고베(神戶)대학의 스기무라(杉村新) 씨를 단장으로 하여, 중부태평양의 광범한 해양에 떠 있는 섬들을 대상으로, 산호초를 단서로 삼아, 특히 최근 10,000년의 해면변화와 지각변동에 대한 데이터를 수집하게 되었다. 그리고 필자도 ¹⁴C의 연대측정자로서 이 조사에 참가했었다.

❖ ¹⁴C 연대 측정기술과 산호

필자가 처음으로 산호초에 접한 것은 1974년 12월, 심해저의 망간단괴(團塊) 조사 때에 입항했던, 적도 근처의 포나페 섬

**사진 1** 남태평양의 Cook제도의 Aitutaki 섬의 산호초
〔마에다씨 제공〕

이었다. 외양의 산호초 언저리에 부서지는 흰 파도와 무지개색 깔로 물든 고요한 초호(礁湖). 그 아름다움과 신비로움에 대해 나는 아낌없는 찬사를 보냈었다.

산호에 접한 것은, 그리고부터 몇 해가 지나, 필자들이 ¹⁴C 연대측정기술을 개발하고 있던 때였다. 개발에 대한 전망이 섰기 때문에 실제로 시료(試料)를 측정해 보기로 했다. 뭔가 적당한 대상이 없을까 하고 찾고 있던 중에, 보소반도(房總半島) 남단의 다데야마 시(館山市)의 히라쿠리천(平久里川)을 따라가며, 조개류의 주체로 한 산호초를 포함한 조개초(礁)가 드러나 있다는 것을 알고, 이것을 시료로 사용하여 측정하게 되었다. 조개와 산호의 화석은 ¹⁴C연대측정의 좋은 재료이다.

히라쿠리천의 조개초는, 실트 암(siltstone) 위에 대형 조개를 주체로 바위자갈 바닥에 서식하는 조개류와 조초(造礁) 산호류로써 이루어져 있었다. 산호 중에는 해화석(海花石) 같은 큰 것도 볼 수 있었다. 산호초는 두께 1m, 길어 300m 에 이르는 큰 것이다. 조개와 산호의 연대를 ¹⁴C로 측정해 보았더니 약 6,000년 전의 것으로 나타났다. 조몬해진 (繩文海進 → 6 참조)의 가장 앞선 연대이다. 이리하여 산호와의 교제가

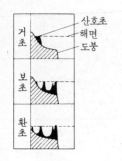

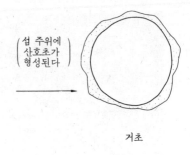

섭 주위에 산호초가 형성된다

거초

그림 1 산호초의

시작되었다.

### ❖ 조초산호

그러면 산호란 어떤 것일까? 산호충(珊瑚虫)이라는 말을 들어 본 적이 있으리라고 생각하는데, 산호는 강장동물에 속하며 말미잘과 같은 무리이다. 다만 탄산칼슘의 골격을 지닌 점이 말미잘과는 다르다.

우리가 사진이나 텔리비전·영화 등에서 흔히 보는 산호초는 조초(造礁)산호라고 불리는 것이다. 조초산호에는 골격 주위가 연한 조직(polyp) 속에, 단세포의 갈충조(褐虫藻)가 공생하고 있다. 갈충조는 지름이 $10 \mu m$의 크기로, 산호의 조직에 1 $mm^3$ 당 30,000개 이상이나 함유되는 일이 있다. 갈충조는 광합성을 하며, 조초산호는 이것에 의해서 만들어지는 유기물을 영양원으로 삼고 있다. 그 때문에 조초산호의 생육(生育)은 해수의 온도뿐만 아니라 빛의 조도(照度)에도 제약을 받으며, 얕은 곳에 밖에 분포하지 않는다.

조초산호는, 갈충조로부터 효율적으로 영양원을 취하기 때문에 성장이 빠르고, 그 때문에 조직은 다공질(多孔質)이며 무르다는 특징을 지니고 있다. 한편, 보석으로서 알려져 있는 비조초(非造礁)산호는, 조직 내에 갈충조가 공생하고 있지 않기 때문에, 깊은 곳에서 자라고 보다 치밀한 골격을 만든다.

조초산호의 생육에 있어서, 가장 적당한 염분은 34~36 g／

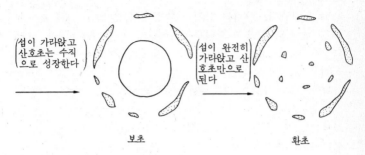

섬이 가라앉고 산호초는 수직으로 성장한다

섬이 완전히 가라앉고 산호초만으로 된다

보초

환초

기본적인 형식

kg, 온도는 25〜29℃이고, 여기에 충분한 빛이 필요하다. 그 때문에 산호초의 분포는 남북 30°위선(緯線) 안에 한정되어 있다.

진화론으로 유명한 다윈(C.R. Darwin)은 19세기 전반에 비글호로 세계를 두루 항해하며, 그 때에 여러 섬들에서 관찰한 산호초의 기본형식으로서 거초(裾礁 : 섬의 해안에 초호(수도)가 없이 밀착하는 산호초), 보초(堡礁 : 섬 주위를 방파제 모양으로 둘러싸고 있는 산호초로, 섬에 붙은 내초와, 그것을 초호를 사이에 두고 둘러싸는 외초가 있다), 환초(環礁 : 해면을 둘러싸고 있는 고리모양으로 발달한 산호초, 중앙에는 섬을 볼 수 없다)의 세 가지를 제창했다〔 그림 1 : 이 그림은 도붕(島棚)을 기저(基底)로 하여 형성되는 산호초의 단면과 상공에서 본 형태를 그렸다 〕. 태평양의 위도가 낮은 섬들에서는 환초가 많고, 일본의 남서 제도는 거초이다. 보통 산호초의 폭은 거초에서 100〜1,000 m, 보초와 환초에서 1,000〜10,000m이다. 초호의 깊이는 150 m를 넘는 일이 없다.

**❖ 남태평양의 산호초 굴착**

그런데, 남태평양에서 산호초를 발굴하기 위하여 일본의 나리타(成田) 공항을 한밤 중에 출발, 피지의 난디를 경유하여 피지의 스바공항에 도착한 것은 정오를 지나서였다. 곧 보링을 할 장소를 찾아, 해안도로를 자동차로 돌아다녔다.

섬 주위를 둘러싸는 산호초는, 간조 때에 해면 위로 약간 머리를 드러낸다. 그리고 섬의 남쪽에서 안성마춤의 장소를 찾았다. 거기는 산호초 전연부(前緣部)의 초령(礁嶺)이라 불리는 부분으로, 조수가 빠져나가기 2～3시간 전에 굴착작업을 시작했다.

때로는 큰 파도가 밀려와서 온통 물에 젖기도 했으나, 보링 기계의 상태도 좋았고, 또 산호층 부분을 굴착할 때는 쾌조로 진행되었다. 그러나 딱딱한 석회조(石灰藻)에 부닥치면, 날이 불어지고, 엔진이 과열하여 좀처럼 진행이 되지 않는다. 그래도 이럭저럭 2m까지 굴진할 수 있었다(후에 여기서 얻은 시료에서는, 50 cm 의 깊이에서 4,940±190년 전이라는 $^{14}$C연대가 나왔다).

간조 시간대는 날마다 이동하고, 산호초 위에 설 수 있는 날은 한달 동안에 며칠도 안되었다. 한 섬에서 해면변화의 곡선도를 완성하기 위해서는, 좋은 장소에서 많은 시료를 채취·분석한다는 착실하고 끈기있는 작업의 축적이 필요하다.

피지 섬에서의 해면변화곡선을 그려내는데, 얼마 만한 세월이 더 걸려야 할까? 그런 생각을 품으면서 다음 목적지인 사모아로 가는 항공기에 몸을 실었다.

# 8. 유기물의 기원 탐색 - $^{13}$C

## ❖ C3과 C4의 식물

탄소에는 원자의 무게가 12, 13, 14의 동위원소가 있다는 것은 잘 알려져 있다. $^{12}$C와 $^{13}$C은 안정 동위원소이지만, $^{14}$C는 반감기가 5,730년의 방사성 동위원소로서, 오래된 삼목의 연령측정 등에 널리 이용되며 크게 활약하고 있다. 안정 동위원소는 이른바 생물체를 구성하는 보통의 탄소인데, 전체의 99%가 $^{12}$C이고 $^{13}$C은 1%정도 밖에 안된다.

$^{13}$C와 $^{12}$C의 비율 $R$은 식물에 따라서 꽤나 변화한다는 사실이 알려져 있다. 이를테면 식물에는 광합성에 의해 고정된 이산화탄소가 탄소 3개를 함유하는 유기물이 되는 C3식물과, 탄소가 4개인 유기물이 되는 C4식물이 있다. C3식물은 보통의 수목, 벼, 꽃 등이고, C4식물은 옥수수, 사탕수수 등이 그 대표적인 것이다. C3과 C4식물은 이산화탄소의 고정기구(固定機構)가 다르기 때문에 $^{13}$C의 농축도가 전혀 달라진다. 이 때문에 식물 속의 $^{13}$C함량을 측정하므로써, C3식물인가 C4식물인가를 판정할 수 있을 정도이다.

한편 연안에는 예로부터 조장(藻場)이 발달해 있다. 일본에서는 거머리말의 조장이 옛날에는 많이 있었으나 현재는 아주 적어졌다. 그러나 미국 텍사스주의 멕시코만의 내만, 플로리다반도 연안역, 파푸아뉴기니아의 연안 등에는 현재도 광대한 조장이 있어 어패류가 풍부하게 생존하고 있다. 이 조장의 식물은 C4식물이 많으며, 물 속의 플랑크톤(C3식물)에 비하면 $^{13}$C을 훨씬 많이 농축해 있다.

이런 바다에서 여러 가지 생물을 채집하여 $^{13}$C의 농축도를

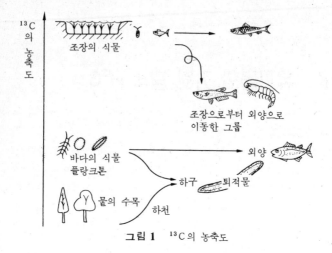

**그림 1**  $^{13}$C의 농축도

조사해 보면, 매우 재미있는 사실을 알 수 있다. 이를테면 어떤 물고기의 농축도의 비율이 조장의 식물에 가깝다면, 그 물고기는 조장의 식물이 만든 유기물로부터의 먹이사슬의 흐름을 따라 생활하고 있는 것이 틀림없다. 이 방법에 의해 식물플랑크톤의 흐름 위에 있는 생물과, 조장의 유기물의 흐름 위에 있는 생물을 분류한 결과를 그림 1에 보였다.

이 방법을 쓰면 일일이 생물의 위(胃) 속을 조사하지 않더라도 그 생물이 어떤 방식으로 살고 있는가를 알 수 있다. 즉 치어 때 조장에서 생육하여 커서 외해(外海)로 나가는 생물은 체중과 $^{13}$C의 농축도와의 관계로부터, 얼마만큼 컸을 때에 조장을 떠난 것인가와 같은 이동상황을 알 수가 있다. 이와 같은 예는 멕시코만에서 잡히는 새우에 대해 알려져 있다.

### ❖ 연안 퇴적물

육상의 고등식물은 기공(氣孔)을 통해서 공기 속의 이산화탄소를 흡수하여 광합성을 한다. 한편 바다의 식물플랑크톤은 해수 속의 중탄산이온을 흡수하여 광합성을 한다. 해양의 표면에서는 공기 속의 이산화탄소와 바다의 중탄산이온이 $^{13}$C을 주

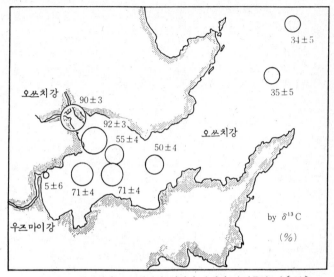

그림 **2** 이와대현 오쓰치만의 강에서 운반된 유기물의 양( % )

거니 받거니 하며, 세계의 어느 바다에서도 중탄산쪽에 일정량
의 ¹³C이 농축되고 있다. 이 때문에 육상에서 생산되는 유기
물과 바다에서 생산되는 유기물과는 ¹³C의 양에 차이가 있다.
뭍에서 만들어지는 유기물의 일부는 강을 따라 연안으로 운반
되는데, 그 대부분은 실트입자에 유기물이 흡착된 형태거나 대
형의 나뭇잎 그대로 운반된다. 또 홍수 때에는 유기물을 흡착
한 토사(土砂)가 대량으로 흙탕물이 되어서 연안으로 운반되
어 퇴적한다. 한편 바다에서 생산된 유기물의 일부도 분해되
지 않은 채로 퇴적된다. 따라서 연안의 퇴적물은 기원이 다른
두 가지 유기물이 혼합된 것이라고 생각할 수 있다.

연안에서 퇴적물을 채취하여 그 유기물의 ¹³C농축도를 측정
하면, 뭍에서 기원(陸起源)하는 것과 바다에서 기원(海起源)하
는 유기물이 "몇 대 몇"으로 섞여 있는가를 알 수 있다.
그러나 이를 위해서는 미리 뭍의 영향이 적은 외해의 해수 속

의 현탁입자(懸濁粒子)의 농축도 A와, 뭍의 토양의 농축도 B 를 조사해 둘 필요가 있다. 연안퇴적물의 농축도 C는 보통 A 와 B의 중간값이 된다. C＝A일 때에는 바다기원의 유기물이 100％, C＝B일 때에는 뭍기원의 유기물이 100％로 되고, C＝(A＋B)／2일 때에는 양자가 50％씩 섞인 유기물이라 고 할 수 있다.

$^{13}$C는 이 밖에도 여러 가지 일에 이용되고 있다. 이를테면 아프리카의 초원에서는 풀과 관목의 $^{13}$C농도가 다르기 때문에, 동물의 분(糞)을 모아 $^{13}$C농축도를 측정하므로써, 그 동물이 어느 것을 먹이로 삼고 있는가를 알 수 있다. 또 인간에게 있어서도 음식물에 따라서 $^{13}$C농도가 크게 달라진다. 이를테면 옥수수를 주식으로 하는 사람들은 쌀이나 보리를 먹고 사는 사람보다도 $^{13}$C가 농축되어 있다. 거짓말 같지만 일주일 동안을 계속하여 옥수수만 먹고 있으면, 아침에 깎는 수염의 $^{13}$C농축 도가 확실히 높아진다.

# 9. 움직이는 해저

해저가 확대되고 대륙이 이동한다는 학설은, 최근에 TV나 잡지에도 자주 등장하여 많은 사람들에게 큰 위화감이 없이 받아들여지고 있는 것 같다. 그러나 이와 같이 대륙이 수평방향으로 이동한다는 생각은, 머리로는 이해가 간다고 해도 막상 실감하기는 매우 어려운 것 같다. 예로부터 「움직이지 않음이 태산과 같다」라는 말로서, 대지의 부동성에 대해서는 절대적인 신뢰를 두어 왔다. 지구 위에서도 지각변동이 가장 심한 지역의 하나인 일본열도에 살고 있는 일본사람들도, 그들의 대지가 옆으로 크게 미끌어지고 있으리라고는 아마 아무도 생각하지 못했을 것이다.

## ❖ 대륙이동설의 탄생

이 대륙이동설은 언제, 누가 처음으로 제창한 것일까? 그리고 이 학설은 어떻게 발전하여, 현재와 같이 많은 사람들이 납득할 수 있게 되었는가를 간단히 되돌아 보기로 하자.

대륙이동을 처음으로 착상한 사람은 1620년경 영국의 철학자 베이컨(F. Bacon)이라고 한다. 그는 세계지도를 보고, 대서양을 사이에 끼고 남미대륙의 동해안선과 아프리카대륙의 서해안선이 묘하게도 평행이 되어 있는 사실에서, 일찌기 하나의 대륙이었던 것이 둘로 분열된 것이 아닐까 하고 생각했던 것이다.

당시는 바로 대항해(大航海)시대의 연속으로, 지구 위의 여러 지역에 대한 탐험이 활발한 시대였고, 또 메르카토르(G. Mercator)의 세계지도가 만들어져서, 현재의 것과 흡사한 정확한 지도가 그려진 시대와도 일치하고 있다. 베이컨이 제창한 주장은, 이런 상황 속에서 태어난 예리한 직감에 의한 학설이라고 할 수 있

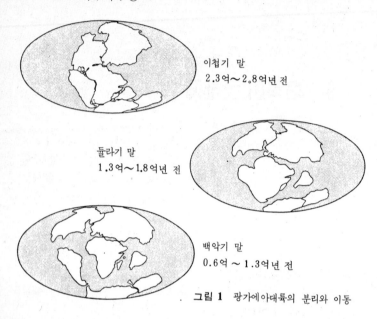

이첩기 말
2.3억～2.8억년 전

둘라기 말
1.3억～1.8억년 전

백악기 말
0.6억～1.3억년 전

**그림 1** 팡가에아대륙의 분리와 이동

다. 그런데 그 후, 대륙이동의 사상은 이렇다할 진보도  없이 한참동안 잊혀지고 있었다.

그러다가 1910년 경에, 독일의 기상학자 베게너(A. Wegner)에 의해 이 주장이 크게 발전, 부활되었다. 그도 역시 대서양의 양쪽 해안선이 일치하는 것에 흥미를 가져, 양대륙의 화석생물과 고기상학적(古氣象學的) 자료를 조사한 뒤, 『대륙과 해양의 기원에 관하여』라는 책을 완성했다. 그는 그 가운데서 고생대(古生代) 무렵에는, 현재 세계로 갈라져 있는 여러 대륙이 하나의 거대한 대륙이었다고 결론지었다. 그리고 그 초대륙(超大陸)을 "팡가에아(Pangaea)대륙"이라고 명명했다.

그는, 팡가에아대륙은 시대의 흐름과 함께 분열하여 따로 떨어져 나갔다고 생각했을 뿐더러, 한편으로는 각 대륙의 시대에 따른 위치와의 관계를 고생물학적 정보와 퇴적학적(堆積學的)

**그림 2**  대서양 중앙해령의 단면도

정보를 기초로 하여 복원(復元)했다. 이것은 현재에 와서는 약간의 수정이 필요하지만, 근본적으로는 전적으로 올바른 것으로 생각될 만한 것이다.

그런데 불행히도 베게너는, 그 후 그린랜드를 탐험하던 중 조난을 당하고 말았다. 그 이후 이 학설은 대륙을 이동하게 하는 원동력(原動力)이 무엇인지를 알 수 없다는 최대의 약점과, 그 이상 과학적인 논의를 할 수 있는 정보가 부족했기 때문에, 차츰 지구과학의 옆자리로 밀려나고 「건드리지 않으면 화가 없다」는 상황에 놓여지고 말았다.

❖ **해양저 확대설의 등장**

그런데 1950년대에 들어서자, 영국의 지구과학자들에 의해 암석의 잔류자기(殘留磁氣)가 측정되어, 베게너와는 전혀 별개의 독립된 수법으로 대륙이동의 새로운 증거가 발견되었다. 또 해양지질학의 발달로 해양저(海洋底)에 관한 정보가 증가함에 따라, 차츰 새로운 학설이 나타날 준비가 갖추어졌다. 그리하여 1960년대 초두에 미국의 헤스(H. H. Hess)와 데아츠(R. S. Deats)에 의해 "해양저 확대설"이 제창되기에 이르렀다.

이에 따라, 이전에는 해양이라는 것은 지구가 생성되었을 때부터 46억년 동안을 변함없이 줄곧 해양이었었다고 생각되고 있었으나, 새 학설이 등장한 이후에는 새로운 해저가 대양 중앙해령(大洋中央海嶺: → 10)에 의해서 생성되고, 벨트 콘베어처럼 움직이며, 가벼운 대륙이 그 위에 얹혀서 가로 방향으로 이동하고 있다는 것이 알려지게 되었다.

이 학설에 의해서, 대륙이동뿐만 아니라 호상열도(弧狀列島)
의 의미와 화산의 성인(成因), 그리고 지진과 산맥의 형성 등
에 대한 많은 문제가 하나의 지구라는 움직임 속에서 이해할 수
있게 되었다. 또 이것을 더욱 발전시켜서 판(plate)이라는 개
념, 그리고 그 물성(物性)과 행동을 기초로 지학현상(地學現象)
을 정성적으로나, 정량적으로 정리한 것이 "판구조론(板構造論
: plate tectonics)"이다.

### ❖ 유사점과 상위점

베게너의 대륙이동설과 해양저 확대설과의 유사점은 둘 다
대륙이 수평방향으로 장거리를 이동한다는 것인데, 가장 다른
점은 무엇이 움직이고 있느냐는 것이다. 베게너의 시대에는 이
미, 해양의 지각은 주로 현무암을 주체로 하는 무거운 암석으
로 구성되고, 대륙의 지각은 주로 화강암을 주체로 하는 가벼
운 암석으로 만들어져 있어서, 마치 대륙지각이 해양지각 위에
떠 있듯이 존재해 있다는 것을 알고 있었다. 그래서 베게너는
화강암층이 현무암층 위를 미끄러지듯이 이동하고 있다고 생각
했다.

또 그는 대륙의 이동방향을 조사하여, 그것이 서쪽으로 움직
이는 것과, 적도로 모여드는 두 가지 방향이 있는 것처럼 보이
기 때문에, 이극력(離極力)이라는 힘과 태양과 달의 조석력(潮
汐力)을 바탕으로 하여 이동을 설명하려 했었다. 이 때문에
「이들 힘에 의해 현무암층을 밀어제치고 대륙이 움직일 수 있
을까?」하는 논의가 생겼고, 지구물리학자들로부터 「그런 힘
만으로는 대륙을 이동하게 하기에는 정량적으로 불가능하다」
는 결론이 내려진 적도 있다.

해양저 확대설에서는 발상을 역전시켜, 대륙이 타고 있는 현
무암층 전체가 콘베어 벨트와 같은 행동을 하여, 대륙을 이동
시키는 것이라고 생각하고 있다. 판구조론에서는 또 지각에서
상부 맨틀까지의 대륙권(lithosphere)이라고 불리는 부분이 약
대(弱帶 : asthenosphere)라고 불리는 맨틀 위에서 움직이고 있

다고 한다(→Ⅳ권 참조).

대륙이동이 처음으로 생각된 것은 정확한 세계지도가 작성된 사실에 크게 의존하며; 해양저 확대설이 착상된 것은　정확한 해저지형도가 만들어진 시기와 일치한다. 그 과정에 있어서 대양 중앙해령이 전세계를 둘러싸고 있고, 또 그 중앙부에서　인장력(引張力)에 의해 형성된 큰 골짜기모양이 발견될　때까지는, 이렇게 장대한 지구의 움직임은 설명될 수 없었고, 베게너에게는 어쩔 수 없는 일이었을 것이다. 이와 같은 차분한 관측과 훌륭한 기술의 진보가 진리로 향해서 크게 전진시키는 힘이 되었을 것이다. 그 후 최근 20년 동안의 기술의 진보와 지식의 축적에 의해, 대륙이 이동했다는 증거가 여러 가지 수법에 의하여 보강되고 있다.

### ❖ 대륙이동의 증거

대륙은 아무리 빨라도 1년에 10수cm 정도밖에　움직이지 않지만, 과학기술의 발달에 따라 정확한 측정이 가능하게 되었다. 최근에는 VLBI라고 하는 우주 저편으로부터의 전파를 지구 위의 두 지점 내지 수개 지점에서 관측하여, 그 전파가　도달하는 근소한 시간차로부터, 지구 위의 그 관측지점과의 거리를 cm의 오차 범위 내에서 측정하는 시스팀이 실용단계에　들어섰다. 이 때문에 다른 플레이트를 타고 있는 관측지점　간의 거리를 수년간마다 측정하면, 실제로 대륙이 움직이고 있는 속도를 관측할 수 있게 되었다.

이런 수법을 응용하면 지진을 예측하는 데도 큰 효과가 있을 것으로 생각되며 또 이와 동시에 대륙이 이동하고 있다는 사실을 누구나가 단시간에 납득할 수 있는 형태로서 알 수 있게 된 셈이다. 이런 사실을 지금은 저 세상의 사람이 된 베게너가　안다면 과연 무엇이라고 말할까?

# 10. 해저를 돌고 있는 큰 산맥

바다는 지구표면의 약 70％를 차지하고 있는데, 지도 위의 바다는 단지 파랗게 칠해져 있을 뿐으로 단조롭기만 하지만, 실제로는 여러 가지 변화를 해저에서 볼 수 있다. 그 중에서도 "대양 중앙해령(大洋中央海嶺)"이라고 불리는 해저의 큰 산맥은 특히 중요하다. 왜냐하면 이 산맥은 매우 넓은 면적을 차지하고 있다는 이유와 그 이상으로 여기서 "전형적인" 해양지각(海洋地殼)이 형성되기 때문이다.

❖ 대양 중앙해령

대양 중앙해령은 주요한 바다에 거의 다 걸쳐있고, 대서양에서는 거의 한가운데를 달리고 있으며, 남극바다에서는 대륙의 주위를 돌고 있다. 또 인도양에서는 아라비아반도의 남쪽에서 두 갈래로 갈라지고, 태평양에서는 동쪽 끝을 통과하고 있다. 이 웅대한 해령의 길이를 모두 합치면 4만km 이상이나 되며, 그 면적은 지구 전면적의 25％나 차지하고 있다. 이런 사실로부터 이 해저 대산맥은, 육상의 히말라야산맥이나 알프스산맥과 비교해 보더라도 훨씬 더 큰 규모라는 것을 알 수 있다. 그러나 이들 양자의 차이점 중 가장 중요한 특징은 이 산맥이 형성되는 메카니즘과 지형에 있다.

"판구조론(plate tectonics)"의 이론에 따르면, 지구의 표층은 일정한 운동을 갖는 몇 장의 크고 단단한 플레이트(plate : 판)로 죽 깔려있는 것으로 생각된다. 이와 같은 플레이트가 서로 충돌하는 연변역(緣邊域)에서는 한쪽 지각이 소멸하는 일이 있는데, 이런 연변역이 해구(海溝)이다. 이를테면 일본해구에서는 태평양 플레이트가 동북일본에서 유라시아(Eurasia)

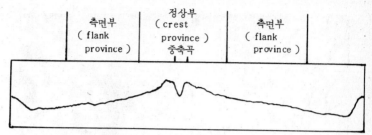

**그림 1**  대서양 중앙해령의 횡단면

플레이트 아래로 잠겨들어 있다.

한편 플레이트가 서로 떨어져 나가는 연변역에서는 새로운 지각이 생겨나고 있다. 이 연변역은 거의가 바다 밑에 있고 대양 중앙해령은 여기에 해당된다. 여기서는 맨틀에서 고온의 물질이 상승해 온다. 그 온도는 1200℃ 이상이지만 단단하게 결합해서 새로운 해양지각을 만든다. 그 후 해양지각은 다시 양쪽으로 떨어져 나가 새로운 마그마(magma : 岩漿)가 상승할 수 있도록 길을 열어준다.

**❖ 해양지각의 구조와 성질**

해양지각과 그 바로 밑의 맨틀 최상부(합쳐서 플레이트)는 중심에서 떨어져 나가면서 더욱 냉각되어 간다. 그 때문에 보다 뜨거운 부분의 물질이 팽창해서 밀도가 작아지고 솟구쳐 오르는 해저 대산맥의 대국적인 지형이 형성된다. 일반적으로 산맥의 폭은 2,000∼3,000 km이고 수심이 수천m의 심해저로부터 2∼3 km의 높이로 솟아올라 있다. 그림 1에 산맥의 횡단면을 모식적으로 보여 두었다.

산맥은 크게 세 지역으로 구분할 수 있고, 중심에서 바깥쪽으로 향하여 중축곡(中軸谷), 정상부(頂上部 : crest province), 측면부(flank province)로 불린다. 중축곡이라고 불리는 산맥의 꼭대기 부근에 있는 지구(地溝)는 이런 산맥의 큰 특징이다. 이 골짜기의 깊이와 너비는 확대속도(양쪽으로 퍼지는 속도)에 따라서 크게 다르며, 대서양 중앙해령처럼 그것이 2∼3 cm/년

**그림 2** 잠수정으로 관찰된 대서양 중앙해령의 해저 스케치

인 경우에는 20 ~ 30 km의 너비로 깊이 1 ~ 2 km, 동태평양의 해팽(海膨)같이 6 ~ 7 cm/년인 경우에는 3 ~ 4 km의 너비로서 깊이 약 300 m가 된다.

미국과 프랑스는 1973 ~ 4년에, 대서양 중앙해령의 북위 37도 해역에서 중축곡의 정밀조사를 실시했다. 그때, 잠수정으로부터 관찰된 스케치를 그림 2에 보였다. 여기서는 용암이 해수 속으로 분출하여 베개모양으로 굳어지거나, 빗면을 흘러 떨어지다가 도중에서 굳어져 버린 것 등이 관찰된다. 중축곡의 중심, 즉 가장 새로운 용암을 볼 수 있는 곳에서는, 지금도 해령의 어딘가에서 용암이 분출하고 있을 가능성이 크다고 할 수 있다.

한편 산맥의 지하구조는 어떻게 되어 있을까? 현재로서는 옛날의 해양지각이 육상으로 올라 앉은 것을 보인 오피오라이트

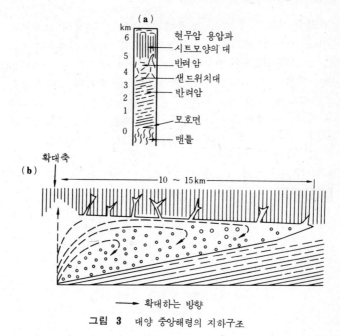

그림 **3**  대양 중앙해령의 지하구조

(ophiolite)의 연구와 지구물리학적 방법을 사용한 해저의 조사결과를 조합하여 보면 위의 물음에 대답할 수 있다. 즉 그림 3에 보인 것과 같은 구조가 제안되고 있다. 해양지각과 맨틀의 경계인 모호(Moho)면은, 해저로부터 약 6km의 깊이에 있다. 해저로부터 약 2km의 깊이까지는 현무암층과 시트모양의 암맥대(岩脈帶)이고, 약 2~6km의 깊이 범위의 부분은 반려암(斑糲岩)으로 되어 있다. 확대속도가 빠른 해령의 확대축(擴大軸) 밑에서는, 반려암층 부분이 마그마가 고이는 곳으로서, 중심에서부터 10~15km정도의 곳까지 퍼져 있다. 동태평양 해팽 등에서는 이런 마그마가 고이는 곳이 정상적으로 있는 것으로 생각되고 있다.

위에서 설명한 대양 중앙해령의 성질은 여러 가지 현상을 우리 앞에 가져다 주는데, 그 중에서도 대륙의 이동에 관해서는 중요한 역할을 하고 있다. 이를테면 남북 아메리카대륙과 유럽·아프리카대륙은 옛날에는 하나로 이어져 있었다. 그러나 어느 때엔가 분열하기 시작하여, 현재에는 대서양 중앙해령을 중심으로 하여 약 2～3 cm의 속도로 양 대륙 사이가 멀어지고 있다. 또 세계의 주된 해저는 해저 대산맥으로 형성되고 그것들은 지금도 각각 조금씩 이동하고 있다. 이상의 사실로부터 해저는 일견 정적으로 보이지만, 실제로는 매우 동적이라는 것을 알 수 있으리라 생각한다.

# 11. 태평양을 둘러싸는 해구

세계지도를 펼쳐 보면, 해양 속에서도 수심이 깊은 곳이 호상열도(弧狀列島) 바로 옆에 분포해 있는 것을 잘 알 수 있다. 특히 색깔로 인쇄된 지형도를 보면 그것을 뚜렷이 알 수 있는데, 이것을 "해구(海溝)"라고 부른다. 그러나 자세히 살펴보면 해구라는 지형은 단독으로 존재하지 않고, 반드시 그 육지쪽에는 호상열도를 수반하고 있는 것을 알 수 있다(→ Ⅳ권 참조).

이들은 도호(島弧)—해구계(海溝系)로 불리며 지구 위에서도 가장 활동적인 장소의 하나로 세계에 약 30개가 있다. 해구는 인도양과 대서양에도 있지만 어쩐 까닭인지 그 수가 적고 태평양에 압도적으로 많다. 해구의 지형을 살펴보는데는 일본열도가 매우 좋은 위치에 있다. 산리쿠(三陸) 앞바다를 조사선을 타고 동쪽으로 나아가면 일본해구의 단면도를 얻을 수가 있다. 먼저 일본해구의 지형을 살펴보기로 하자.

❖ 해구의 지형

해양조사선에는 해구의 깊이를 연속적으로 측정할 수 있는 기기가 실려있어, 이 측정기의 기록을 연속적으로 관찰하면 해구의 지형단면이 얻어진다. 이를테면 동북일본의 가마이시(釜石)항에서 진로를 동쪽으로 잡아 측심기록을 관찰하며 나가면 그림 1과 같은 단면이 얻어진다.

우선 해저의 지형은 200m보다 얕은 대륙붕(大陸棚)이라고 불리는 평탄한 면을 가리키는데, 이 면은 해안선을 따른 모양이 아니고, 곳에 따라서는 상당히 동쪽으로 뻗쳐 나가기도 한다. 그리고 지형은 대륙사면(大陸斜面)이라 불리는 완만한 경

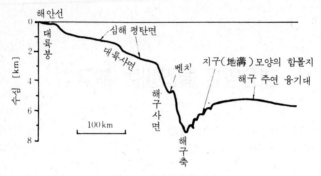

그림 1 일본해구의 단면

사면을 따라 서서히 수심이 깊어진다. 이 대륙사면에서는 심해 평탄면(深海平坦面)이라고 불리는 경사가 완만한 몇 단계로 된 광대한 지형을 볼 수 있다. 심해평탄면은 깊이 3,000m 가까이까지 있으며, 그 면적은 일본해구의 경우 북쪽일수록 넓고, 남쪽으로 향해서 좁아지는 형태를 하고 있다.

대륙사면에서부터 해구사면으로 바뀌는 변환점은 특별한 이름(mid-slope break 등 사람에 따라 여러 가지로 다른 용어를 쓰고 있다)으로 부르고 있다. 이 점을 경계로 하여 깊은 쪽에서는 경사가 약간 급해지며, 이것을 해구사면(海溝斜面)이라고 하는데, 이 도중에는 몇 개의 볼록한(凸) 지형을 볼 수 있고, 벤치(bench)라고 불린다. 해구축(海溝軸)은 수심이 가장 깊은 곳으로 그 형상은 U자 내지 V자형을 하고 있다. 이곳의 해저는 협소하고 평탄한 지형을 하고 있다.

배가 더욱 동쪽으로 나가면 수심이 서서히 얕아지는데, 여기서는 들쭉날쭉한 지형의 반복이 계속된다. 그것을 넘어서면 매우 긴 주기(長周期)의 파장을 갖는 비교적 작은 산이 있어 평탄하고 광대한 심해저로 이어진다. 그리고 그림 1에 보인 것과 같은 지형단면도는, 크든 작든 세계의 해구에서는 공통적인 특징을 나타내고 있다.

### ❖ 해구지역의 지학현상

해구지역에서는 지구 위에서 제 1 급의 활동적인 현상이　일어나고 있다. 그것들은 지진활동과 화산활동의 대표적인 동적인 변화에서부터, 열류량(熱流量)의 이상(異常)이나 지각변동 등의 약간 정적으로 보이는 변화 등 여러 가지 것을 볼 수　있다.

### ❖ 지형과 중력

앞에서 말한대로, 해구의 지형은 크게 보아서 U자 내지　V자형을 하고 있는데, 이 지형단면은 중앙해령 등이 그 중심을 경계로 하여 대칭형인 것과는 달리 비대칭형을 하고 있다.　그런데 이 비대칭형이라고 하는 점은 다른 지학적(地學的)　현상의 대부분에 대해서 관찰하더라도 전적으로 같다.

이를테면 베닌 마이네즈(F. A. Vening-Meinesz) 이래, 많은 사람들이 배 위에서 해저의 중력을 관측해 왔다. 그 결과 해구역에서는 두드러진 음(-)의 중력이상(重力異常)이 해구축의 약간 육지쪽에 있는 것이 인정되며, 이것은 어느 해구에도 마찬가지이다. 또 이와 평행하여 육지쪽에 더욱 가까운 곳에서는 양(+)의 중력이상이 인정되어 대조를 이루고 있다.

### ❖ 활화산과 지진

해구역에는 심발지진(深發地震)이 발생한다는 것이 예로부터 알려져 있다. 즉 해구 부근에서 일어나는 지진은, 중앙해령 등에서 볼 수 있는 얕은 지진과는 달리, 해구로부터 육지쪽을 향해서 그 진원(震源)의 깊이가 깊어지는 것이 알려져 있다. 이들 진원의 분포는 한 면(面) 위에 얹혀 있고, 일본의 와다치(和達淸夫)와 미국의 베니오프(H. Benioff)가 거의 같은 때에 발견했기 때문에 Wadachi-Benioff 면이라고 부른다. 또 최근에는 W-B면이 이중구조를 가진 곳이 세계의 여러 해구에서 발견되고 있다.

이것과 관계된 현상으로 활화산의 분포가 있다. 화산활동이 활발한 지역으로 일본열도가 있다는 사실은 누구나가 다　알고 있는데, 호상(弧狀) 열도는 말하자면 화산활동의 요람이라고 할 수 있다. 화산활동은 그 해구쪽의 경계를 명확한 선으로 구획할 수 있다. 그것은 화산전선(火山前線)이라 부르며 이보다 해구 가까이에는 활화산이 존재하지 않는다는 경계선이다.

동북일본의 동서단면을 보면, 화산암의 화학조성이 해구로부터 멀어질수록 $SiO_2$ 함량이 감소되고 알칼리금속이 증가하는 경향을 보인다. 이와 같은 분포는 해구역의 지형이나 중력 등과 더불어 극성(極性)을 가졌다는 것이 알려져 있다.

### ❖ 그 밖의 성질

지각열류량(地殼熱流量)은 지구의 표면으로 운반되는 지구 내부의 에너지를 나타내며, 이것을 측정하면 지구 내부의 상태를 아는데 좋은 실마리가 된다. 지각열류량은 도호(島弧)의 화산전선 아래서 가장 높고, 해구축에서 가장 낮다는 사실이 알려져 있다. 또 이것도 마찬가지로 해구축에 직교(直交)하는 단면에서 비대칭분포를 나타내고 있다.

전기전도도의 이상(異常)도 역시 해구역에 존재하며, 지하의 성질을 아는 단서로 되고 있다.

수준점(水準點)을 측량함으로써 지각변동의 크기를 알 수 있는데, 더욱 시간척도를 길게 잡으면, 단구면(段丘面)의 고도와 시대의 분포를 아는데 효과적이다. 동북일본에서는 최근 수백만년 동안에 융기하고 있다는 것이 알려져 있다.

### ❖ 판구조론

해구역에서 관측되는 여러 가지 현상을 어떻게 설명할 수 있을까? 최근에 제창된 판구조론(plate tectonics)에 근거를 두면, 해구역에서는 중앙해령에서 형성된 플레이트(판)가 육지쪽을 향해서 침강하고 있다. 이와 같은 침강과 더불어 지진활동이 일어나고, 또 중력이상(異常)이 일어난다는 사실이 많은 사람들에 의해 인정되고 있다. 그림 2는 세계의 주된 해구의 분포와 명칭을 보인 것인데, 플레이트는 해구로부터 굵은 가시줄로 표시된 방향으로 침강하고 있다. 이 그림으로부터도 태평

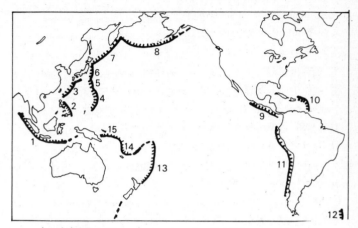

| 1 : 자바해구 | 9 : 중미해구 |
| 2 : 필리핀해구 | 10 : 푸에르토리코해구 |
| 3 : 류큐해구 | 11 : 페루·칠레해구 |
| 4 : 마리아나해구 | 12 : 남 샌드위치해구 |
| 5 : 이즈·오가사와라해구 | 13 : 통가·케르마데크해구 |
| 6 : 일본해구 | 14 : 뉴헤브리디스해구 |
| 7 : 지시마·캄차카해구 | 15 : 솔로몬해구 |
| 8 : 알류샨해구 | |

그림 2  세계의 해구

양 주위에는 많은 해구가 있다는 것을 금방 알 수 있을 것이다. 지구 위에서 가장 큰 것이 태평양 플레이트인 것을 생각하면, 그것이 침강하는 장소가 태평양 주위에 많이 있다는 것에 수긍이 갈 것이다.

지진은 침강하는 플레이트의 윗면에 발생하고 있다. 화산활동의 극성도 마찬가지로, 침강하는 플레이트에 직접 또는 간접으로 영향을 받고 있다는 것이 알려져 있다. 침강에 기인한 마그마의 성질은 플레이트와 그 윗면의 상부 맨틀의 온도의 기울기에 따라서 지배되고 있는데, 발생하는 마그마는 압력이 높을수록 알칼리가 많아진다는 것이 실험적으로 확인되고 있다. 이와 같이 하여 도호의 횡단면에서 화산암의 화학조성이 규칙적으로 변화한다는 것이 설명되고 있다.

해구역에서의 저지각 열류량의 값은 오래된 찬 플레이트의침 강과 관련된 현상이다. 태평양 주위에 있는 해구는 주로 태평 양 플레이트라는 가장 크고 또 연대가 오래된 플레이트가 침강 한 장소인데, 동태평양해팽 (海膨)의 바로 동쪽에 있는 페루·칠레해구에서는, 금방 생겨난 플레이트가 침강해 있다. 해구에 있어서의 플레이트의 침강양식에는 크게 나누어 「마리아나형」과 「칠레형」으로 구분된다는 것이 제창되고 있다. 또 한 도호—해구계 가운데서도 지질시간 (地質時間) 중에 플레이트의 침강양식에 변화가 있었다는 것이 알려져 있다. 동북일본에서 는 약 1,500 만년 전쯤에는 「마리아나형」이었던 것이, 최근 500 만년 전쯤부터는 「칠레형」으로 변화한듯 하다는 것이 그 것에 따른 여러 가지 지학현상으로부터 추정되고 있다. 새로운 시대의 「칠레형」에 관해서는 최근에 동해의 동쪽 가장자리 부 분에서 새로운 플레이트의 침강이 시작된 것이 아닌가 하는 것 이 많은 사람들에 의해 지적되고 있다.

# 12. 해류와 하천의 차이

❖ 해류란?

해수의 흐름을 "해류(海流)"라고 부르는데, 다만 보통은 어느 정도 흐름이 강하면서도(육안으로서도 알 수 있을 정도로) 거의 한 방향으로 오랫 동안 흐르고 있지 않으면 해류라고는 부르지 않는다. 보통 우리가 해류라고 부르는 것은 모두 수평방향의 흐름이지만, 바닷속에는 수직방향의 흐름도 있다. 곳에 따라서는 항상 바다의 표층으로부터 심해로 향해서, 또는 이와는 반대로 심해에서 표층으로 향해서 흐르는 해역이 있다. 그러나 이런 경우의 흐름의 상하운동은 매우 작아서, 하루에 겨우 1m정도의 유속이므로 해류라고는 부르지 않고 침강류(沈降流 : 하강류) 또는 용승류(상승류)라고 부르고 있다.

또 수평방향으로 꽤나 강한 흐름에 "조류(潮流)"라고 불리는 것이 있다. 이것은 달과 태양의 인력 때문에 생기는 조석(潮汐)에 부수하는 바닷속의 흐름을 가리킨다. 조류의 방향이나 유속은 시간의 경과와 더불어 규칙적으로 변화하며 몇 시간이 경과하면 역방향(逆方向)으로 흐르고, 반나절 뒤라든가 거의 하루 뒤에는 다시 본래의 흐름상태로 되돌아간다. 그러므로 흐름이 아무리 강해도 며칠간을 평균하면 유속이 제로가 되는 셈이 되어, 해류와는 구별하여 조류라고 부른다.

❖ 바닷속의 하천

해류는 바닷속을 허리띠처럼 연속해서 흐르고 있으므로, 육상의 하천에 비유되고 있다.

해류는 확실히 하천과 닮은 점이 많다. 이를테면 하천의 수량이 계절이나 해(年)에 따라 변하는 것과 마찬가지로, 해류의 유량도 계절이나 해에 따라서 변화한다. 또 하천의 경로도 때때로 바뀌어지듯이 해류의 유로도 바뀌어진다. 또 하천처럼 사행(蛇行)현상이 해류에서도 생기는 것이 신기할 것 없다.

그러나 해류는 하천과는 다른 점도 상당히 많다. 첫째로 하천은 육상에 있으므로 그 위치를 확실히 나타낼 수 있는데 대해, 해류는 주위에 같은 해수가 있기 때문에 혼합이 일어나거나 하여 그 경계가 분명하지 않다. 또 하천의 경로가 바뀌어지거나, 사행하거나 하는데는 수십년이 걸리지만, 해류의 유로는 수주간 내지 수개월 사이에 변동하고 있는 해역도 꽤나 있다. 가장 두드러진 차이는, 하천은 높은 곳에서 낮은 곳으로(등고선을 직각으로 가로 지르듯이) 흐르는데 대해, 해류는 거의 수평으로(등고선을 따라서) 흐르는 점이다. 이 사실은 얼핏 보기에 기이하게 보일는지 모르지만, 지구가 회전하고 있기 때문에 일어나는 현상이다. 이것은 매우 중요한 사실이므로 좀더 상세히 설명하기로 하겠다.

### ❖ 물에 의한 압력

지금 그림 1(a)와 같이 수평인 바닥 위에 밀도가 균일한 물이 있다고 하자. 이 물 속에 물과 밀도가 꼭 같은 판자를 띄워보자. 이 경우 밀도가 같기 때문에 부력은 제로, 즉 물 속의 어느 깊이에다 놓아도 가라앉거나 떠오르는 일이 없다. 그렇다면 이 판자에 손을 대지 않고서 수평방향으로 움직일 수 있을까?

물체를 움직이려면 힘을 주어야 한다. 지금, 이 판자에 좌우로부터 작용하고 있는 힘은 A점에서 우로부터 좌로 압력 $p_A$, B점에서 좌로부터 우로 압력 $p_B$ 이다. 압력이란 것은 말하자면 누르는 힘으로서, 유동체 속에서는 사방의 모든 방향으로부터 압력이 가해지는 것이 특징이다. 압력의 크기는 이 경우 $p_A$ 라면 A점보다 위에 있는 물(의 물기둥)이 지구의 중력으로 끌어당겨지고 있기 때문에 생긴다. 따라서 수심이 같으면 압력도 같아서 $p_B$ 와 $p_A$ 는 같아진다. 그 때문에 판자 양쪽의 힘은

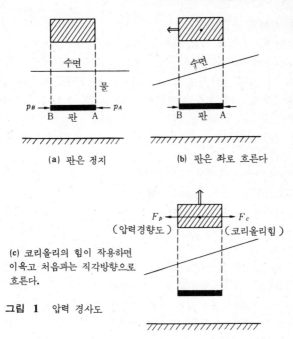

(a) 판은 정지          (b) 판은 좌로 흐른다

(c) 코리올리의 힘이 작용하면
이윽고 처음과는 직각방향으로
흐른다.

**그림 1**   압력 경사도

상쇄되어 판자에 가해지는 힘은 제로가 되고, 그림 1(a)에서
는 판자가 움직일 수 없다.

　그런데 그림 1(b)와 같이 수면이 기울어지면 어떻게 될까?
이번에는 A 위에 있는 물은 B 위에 있는 물보다 무겁기 때문
에 $p_A > p_B$ 가 된다. 이 차 $p_A - p_B$ 를 판자의 길이 $l$ 로 나
눈 양에 비례하는 힘〔이것을 압력경도력(壓力傾度力)이라고 부른다〕
이 우에서 좌로 가해지고, 판자는 왼쪽 방향으로 움직이기 시
작한다. 이 판자를 물 자체라고 생각하면 흐름이 생기는 것이
된다. 풀의 한쪽 끝에서 물을 가하면 반대방향으로 물이 흐르
는데, 새로이 보태진 물만이 흐르는 것이 아니라, 수면에 경사
가 생긴 것으로 해서 본래부터 있던 물도 위에서부터 바닥까지
일제히 흐르는 셈이다.

### ❖ 지형류

그런데, 우리가 지금 다루고 있는 것은 지구 위의 바다이므로, 지구와 함께 회전하고 있다. 회전계(回轉系)에서 운동하는 물체에는 코리올리의 (Coriolis) 힘이 작용하여, 북반구에서는 진행방향에 대해 우로 휘어지게 된다. 그림 1 (b)가 바다라고 하면, 판자는 처음에는 좌로 흐르겠지만, 시간이 지나면 우로 휘어지기 시작하고, 이윽고는 처음과 직각인 방향으로 움직여서 그림 1 (c)와 같이 될 것이다. 그렇다면 시간이 더욱 경과하면 이번에는 좌에서 우로 흐르게 될까?

코리올리의 힘은 여전히 작용해서 판자를 우로 휘려고 하지만, 이번에는 바로 그 반대에 압력경도력이 작용하고 있다. 만일 그림 1 (c)에서 $F_C = F_P$라면 판자는 휘어지지 않고 똑바로 곧게 운동하는 것이 된다. 즉 일단 등고선을 따라가듯 하는 흐름이 생기면 줄곧 그 방향으로 흐르기 쉽다. 이것이 "지형류(地衡流) 또는 지형류 평형(地衡流平衡)"이라고 불리는 것으로, 현실적인 해류에서는 거의 모두가 지형류이다.

지형류 평형이 성립하는 데는 몇 가지 조건이 있다. 그 하나는 수평방향의 운동규모가 크다는 것이다. 앞에서 압력경도력에 관해서 말했지만, 실은 그때에 생각한 압력은, 유동체에 작용하는 압력 중의 정수압(靜水壓) 뿐이었다. 유동체가 운동을 하면 정수압에 덧붙어 동수압(動水壓)이 작용한다(이것은 J. Verne의 정리로서 널리 알려져 있다). 그러나 만약에 운동하고 있는 유동체의 수평규모가 수직규모보다 훨씬 크면, 이때 동수압은 무시해도 된다는 것을 알고 있다. 바다의 깊이는 4,000 m 쯤이므로, 만약에 해류가 해면에서부터 해저까지 있었다고 하더라도, 20~30 km의 폭을 갖고 있으면, 동수압은 무시해도 된다. 또 지형류 평형이 성립하는 데는 흐름이 그다지 빠르지 않아야 하고, 심한 변동이 없어야 하며, 마찰력이 작아야 한다는 등의 조건이 있다. 실제의 해류는, 바닷속을 보통 100 km 이상의 너비로 천천히(매초 수 10cm ~ 1 m) 흐르고 있으므

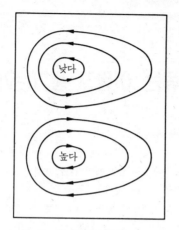

**그림 2**  북태평양의 해류의 모식도

로, 이런 조건을 모조리 만족시키고 있다.

❖ **해류의 순환**

이상으로도 알 수 있듯이, 북반구의 해류는 모두 진행 방향에 대해 우측이 높아지는 방향으로 흐른다. 그림 2 는 북태평양을 극히 간략한 직사각형의 바다로 모델화하여, 그 해류를  모식적으로 나타낸 것이다. 그림 속의 선은 유선(流線)이라  하여 흐름을 나타내고 있는데, 이것은 등고선과 같다고 생각해도 된다. 따라서 낮은 위도에 있는 시계방향으로 돌아가는  해류순환의 중앙은 산처럼 솟아 올라 있다. 반대로 그 북쪽 반시계 방향의 순환의 중앙은 낮아진다. 하기는 그 고저의 차는 기껏 1 m나 2 m 정도이다. 또한 등고선이 빽빽한 곳은 경사가  급한 것을 의미하므로, 흐름이 강한 곳을 나타내고 있다.

그림에서 알 수 있듯이, 태평양의 서쪽에서는 동쪽보다도 흐름이 강하고 오야시오(親潮)와 구로시오(黑潮)가 바로 이  강류대(強流帶)에 해당한다. 그렇다면 왜 서쪽에는 강류대가 생기는지, 또 애당초 이 두 개의 대순환은 어떻게 해서 생긴  것인가 하는 문제는 꽤나 어려운 문제이다(→ 13. 참조).

# 13. 해류는 어떻게 생기는가?

## ❖ 에크만의 취송류

해류가 생기는 것은 바람의 힘에 의한 것이 아닌가고 예로부터 생각되어 왔다. 태평양이나 대서양에 있어서도 중위도의 편서풍대(偏西風帶)에는 서에서 동으로 향하는 흐름이 있고, 저위도의 무역풍대(동풍이 불고 있다)에는 동에서 서로 향하는 흐름이 존재하기 때문이다. 1905년, 스웨덴의 해양학자 에크만(V. W. Ekman)은, 해류와 풍대(風帶)를 관련지은 「취송류이론(吹送流理論)」을 발표했다. 그 결과를 나타낸 것이 그림 1이다.

지금, 무한히 넓은 바다 표면에 균일하게 바람이 불고 있다고 하면, 해면의 물은 바다의 응력(應力)에 질질 끌려가고, 그 밑의 물은 해면의 물에서 다시 끌려가서 흐르기 시작한다. 그러나 지구가 회전하고 있기 때문에 코리올리의 힘(Coriolis force)이 작용하여, 바람의 방향과 흐름의 방향은 일치하지 않는다. 해면에서는 바람에 대해, 북반구에서는 바람이 불어가는 오른쪽 방향(남반구라면 왼쪽 방향)으로 45°를 처져서 흐르며, 깊이에 비례해서 유속이 줄어드는 동시에 흐르는 방향이 바뀌어진다. 이 흐름을 에크만류 또는 에크만나선(螺旋)이라 부른다.

에크만나선의 대표적인 두께(흐름이 거의 없어지는 깊이)는, 해면에서 기껏 10m 정도이므로 바다의 전체 깊이 중 표층의 극히 일부분일 뿐이다. 이런 의미에서 에크만 경계층이라고 불린다. 이 경계층 속의 에크만류를 위에서부터 아래까지 모조리 합산하면, 흐름의 총량은 풍량과 직각으로(북반구에서는 우로 90°, 남반구에서는 좌로 90°) 향해서 흐르고 있는 것을 알 수 있다. 이

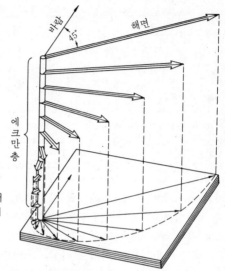

그림 1 북반구에 있어서의 Ekman 취송류의 모식도

것을 에크만수송(輸送)이라고 한다.

그런데 에크만층의 밑쪽은 경계층보다 더 안쪽이라는 의미에서 내부영역(內部領域)이라 불리는데, 여기서는 점성(粘性)의 효과를 무시할 수 있으므로, 지형류 평형(→ 12. 참조)이 성립된다. 우리가 해류라고 부르고 있는 것은 이 내부영역의 흐름이다. 그러나 만약 바람이 해류를 일으키고 있다면 바람의 응력을 직접 받는 에크만경계층이 중요한 작용을 하고 있을 것이다. 이 기구는 복잡하지만 개략적인 설명을 한다면 다음과 같다.

### ❖ 순환류의 형성

지금, 알기 쉽게 그림 2(a)와 같은 직사각형의 바다가 북반구에 있다고 하자. 이 해면에 저위도와 고위도에서 동풍이 불고, 중위도에서 서풍이 불기 시작했다고 한다. 그러면 처음에는 정지해 있던 해수가, 바람에 끌려서 바람과 같은 방향으로 흐르기 시작한다. 즉 동서의 흐름이 형성되는데, 위에서 말한

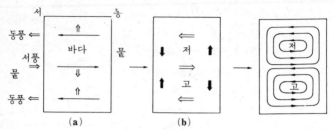

(a) 에크만수송이 생긴다. (b) 에크만층 아래서 지형류(동서류)와 그것을
보완하는 남북류가 생긴다. (c) 결국 두 개의 순환이 형성된다.

**그림 2** 바람에 의한 해류의 생성

것처럼 이윽고 에크만경계층이 형성되면, 에크만수송은 풍향
과 직각이므로, 저위도의 중앙부에는 해수가 모이고, 반대로
고위도의 중앙부에서는 해수가 줄어든다.

그러면 해면에는 고저가 생기고, 에크만층 밑에서는 이 해면
의 고저에 대응하는 압력기울기가 생기며, 그 결과로 이 압력
기울기에 비례하는 지형류로서 동서류가 형성된다. 동서해안 가
까이에서는 이 동서류를 보완하듯이 하는 남북류가 생기므로,
그림 2 (b)를 거쳐서, 결국은 그림 2 (c)와 같은 순환류가 형
성된다(이 그림은 흐름의 상태를 나타내는 동시에 해면의 등고선으로도 볼
수 있다는 것에 주목하자). 저위도에 생긴 시계방향의 순환과 고위도
에 생긴 반시계방향의 순환은, 실제로 태평양이나 대서양에도
존재하고, 각각 아열대순환, 아한대순환이라 부른다. 해류는
이와 같은 대순환의 일부분에 대해 붙여진 이름이다.

❖ **서안강화**

풍계(風系)에 의한 해류의 대체적인 경향을 설명할 수 있었
지만, 세밀히 관찰하면 실제의 흐름(→ 12. 의 그림 2 )을 가리
키는 순환과는 큰 차이가 있다. 가장 큰 차이는, 실제의 바다
에서는 순환의 서쪽에, 동쪽보다도 강한 해류가 존재하는 점이
다. 이것은 태평양이나 대서양에서도, 또 북반구와 남반구에
서도 마찬가지이다. 이를테면 구로시오나'오야시오에 해당할

만한 강한 해류는 태평양의 동쪽에는 없다. 대서양에도 만류(灣流)라는 큰 해류가 서쪽에 있다.

이 사실을 순환의 서안강화(西岸强化)라고 하는데, 해류의 성인(成因)을 바람과 결부시키려 할 때에, 태평양이나 대서양에 있어서도 특히 서쪽에서 강한 바람이 불고 있는 것이 아닌데도 왜 서안강화가 일어나느냐는 것은 오랫동안의 수수께끼로 되어왔다. 이 수수께끼를 푼 사람이 미국의 해양학자 H. Stommel 이다.

해류가 지형류 평형을 유지하고 있다는 것은 이미 설명했는데, 그것에는 지구의 회전에 의한 효과로 물의 운동을 옆으로 휘게 하려는 코리올리의 힘이 중요한 역할을 하고 있다. 그런데 이 코리올리힘은 위도에 따라서 크기가 달라서, 저위도에서는 작고, 고위도에서는 크게 된다. 이것은 지구가 원판이 아니라 구형(球形)이기 때문인데, 스톰멜은 이 코리올리힘이 위도에 따라서 변화하는 효과까지도 포함한 이론을 1948년에 발표하여 순환의 서안강화를 설명했다. 그 후 다른 학자들에 의해 이 이론이 정밀화되어 거의 현실에 가까운 결과가 나왔으므로, 해류는 바람에 의하여 생성된다고 널리 믿어지게 되었다. 즉 해류가 유지되는 것은, 해면이 늘 바람을 끌어당겨서 에너지를 공급하고 있기 때문이라는 사고이다. 이것을 "풍성대순환(風成大循環) 이론 "이라고 한다.

### ❖ 풍성순환과 열염순환

그런데 그 후에 바다의 표층에 있어서의 해류뿐만 아니라, 잠류(潛流)나 심층(深層)의 흐름까지 포함하는 해양현상을 표현하기 위해, 해수의 수직방향의 운동도 합쳐서 고려하지 않으면 안되게 되었다.

이 경우에 중요한 역할을 하는 것이 해수의 밀도분포와 그 변화이다. 밀도를 결정하는 것은 주로 온도와 염분(鹽分)의 함유량이라고 생각되므로, 위에서 말한 풍성대순환이론과는 전혀 다른 관점에서 해류의 성인을 연구하는 학자들이 생겼다. 간단히 말하면, 대양은 저위도에서 더워지고 고위도에서 식기 때문에 이 온도차를 에너지원으로 하여 해류가 발생하고 대순환이 유지된다는 생각이다. 이것을 "열염(熱鹽)순환이론"이라고 한다.

1960년대에 들어서자, 대형 컴퓨터의 발전과 더불어, 현실의 태양복사(太陽輻射)에 의한 열분포나 바람의 분포 데이터를 컴퓨터에 입력하여 해류를 재현하는 수법이 활발해졌는데, 그 결과 열분포를 주는 것만으로도 어느 정도 실제의 해류에 가까운 패턴을 얻을 수 있다는 것을 알았다. 단지 풍계(風系)를 고려하면 보다 잘 일치된다는 사실이 확인되었기 때문에, 결국 현재는 해류는 태양복사에 기인하는 열과 바람의 분포가 둘 다 작용해서 생성되고 있는 것으로 생각되고 있다.

# 14. 바닷속의 소용돌이

옛날에는, 바닷속에는 수백 km에서 때로는 수천 km의 범위에 걸쳐, 성질이 거의 같은 해수가 변화하지 않고서 장시간을 흐르고 있다고 생각해 왔다. 그러나 최근에 와서 해양과학이 진보하고 관측량이 증대함에 따라, 해양에는 여러 가지 공간규모 및 시간규모를 가진 변동이 있다는 것이 알려지게 되었다.

그 중에서도 특히 두드러진 것이 구로시오와 만류 등의 해류역(海流域)에 출현하는 난수괴(暖水塊)와 냉수괴(冷水塊)로 불리는 것들이다. 이것은 너비가 100～300 km 정도로 그 주위보다도 고온 또는 저온인 해수의 덩어리가 흩어져 있는 현상이다.

## ❖ 냉수와와 난수와

해양 속에 큰 고온역이나 저온역이 고립해서 존재하면 회전운동을 수반한다. 그림 1은 바다의 표층을 옆에서 보아서 등온선(等溫線)을 모식적으로 그린 것이다. 즉 우측에는 고온수, 좌측에는 저온수가 있었다고 하자. 바다의 훨씬 더 깊은 곳에

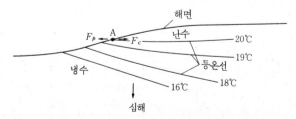

〔A점에서는 압력경도력($F_p$)은 우에서 좌로 작용한다〕

**그림 1** 온도차와 지형류의 관계

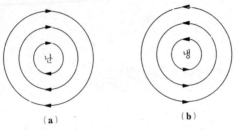

그림 2  난수와(a)와 냉수와(b)

서는 해수가 정지해 있다고 가정하면, 거기서는 압력기울기가 제로이어야만 한다.

그림의 예에서 이렇게 되려면, 우측에 가벼운 물이 있으므로 해면은 우측이 올라가야 된다. 그러므로 이때 표층, 이를테면 A점의 압력경도력은 우에서 좌로 향하고 있다. 따라서 거기서는 이것에 대응하는 지형류(→12. 참조)가 종이면에 대해 직각으로, 표면에서 이면(裏面)으로 향하는 방향에서 생기고 있을 것이다. 왜냐하면, 그렇지 않으면 이 해면경사를 계속해서 유지할 수 없기 때문이다. 즉 북반구에서는 항상 따뜻한 물을 우측에 보게 되는 진행방향을 가진 흐름을 수반하게 된다(남반구에서는 반대의 흐름이 된다).

그러므로 난수괴는 그림 2(a)와 같이 시계방향으로 회전하게 되고, 거꾸로 냉수괴에서는 그림 2(b)와 같이 반시계방향으로 돌아간다. 그래서 난수괴를 "난수와(暖水渦)", 냉수괴를 "냉수와(冷水渦)"라고도 부른다. 난수와와 냉수와는 대기 속의 고기압이나 저기압과 흡사하다. 신문이나 TV에서 이따금 볼 수 있는 태풍의 위성사진은 저기압의 전형적인 예인데, 자세히 보면 바람이 반시계방향으로 소용돌이치고 있는 것을 알 수 있을 것이다. 기압이 높은 곳에서부터 중심의 저압부로 향해서 바람이 똑바로 불지 않고, 오히려 등압선(等壓線)을 따라 불고 있는데서, 태풍도 또한 거의 지형류 평형의 관계를 만족시키고 있다는 것을 알 수 있다(남반구의 저기압은 시계방향으로

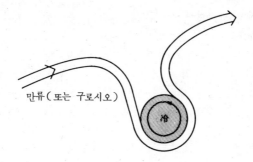

**그림 3** 냉수와의 생성 ( 사행부분이 떨어져 나간다 )

소용돌이치고 있다). 이러한 유사성 때문에 냉수와를 가리켜 저기압성 소용돌이, 난수와를 가리켜 고기압성 소용돌이라고 부르기도 한다.

**❖ 소용돌이의 생성**

난수와나 냉수와는, 구로시오나 만류와 같은 해류가 사행(蛇行)할 때, 이를테면 그림 3과 같이 잘룩한 부분이 달라붙어서 냉수( 또는 난수)의 덩어리가 절단되어서 생기는 것이라고 한다. 하천의 사행에서도 비슷한 현상으로 초생달 모양의 호수가 나타나는 경우가 있는데, 해류의 경우에는 안쪽으로 거두어 들여진 해수가 주위의 해수와의 온도차가 있으므로 소용돌이를 일구고 있는 것과, 절단된 뒤에는 보통 한군데에만 머물러 있지 않는 점이 특색이다.

그림 3에서 볼 수 있듯이, 북쪽의 온도가 낮은 해수가 남쪽으로 들어가면 냉수와, 거꾸로 남쪽의 온수가 북쪽으로 절단되면 온수와로 된다. 만류에서는 냉수와를 관측하는 예가 많은데, 냉수와의 절단은 1년에 여러 번이나 있고, 일단 형성된 소용돌이가 소멸되기까지에는 1년에서 1년반 가량이 걸리는 것으로 추정된다. 이것에 대응하는 일본의 혼슈(本州) 동쪽의 구로시오 속류역( 黑潮 續流域 )에서는 거꾸로 난수와를 관측하는 예가 많다. 또 일본의 기슈(紀州) 외양의 큰 냉수괴( →

16.참조)가 절단되어 고립와(孤立渦)가 되는 일은 거의 없다.

### ❖ 중규모와

이 밖에도 바닷속에는 "중규모와(中規模渦)"라든가 "모드 (MODE)와" 라고 불리는 것이 있다. 이것은 해류의 사행과는 직접적인 관계가 없고 대양 속에 존재하는 소용돌이이다. 모드와라는 이름은 MODE( Mid Ocean Dynamics Experiment)라는 이름의 실험을 1970년대 전반에 대서양에서 실시했을 때에 처음으로 발견되었기 때문이다. 중규모와라고 하는 것은 우리가 그때까지 알고 있던 풍파나 조석에 수반하는 소용돌이보다는 크지만, 해류의 대순환에 비하면 작기 때문이다. 위에서 말한 난수와나 냉수와도 크기로 말하면 중간쯤의 것이지만, 대양의 중규모와와는 성질이 다르므로 구별되고 있다.

중규모와는 지름이 약 200 km 정도이고, 그 소용돌이가 거의 직립(直立)하여 해저까지 닿아 있는 것이 큰 특색이다. 이것에 대해 냉수와나 난수와는 바다의 상층부(고작 천 수백m 정도)에만 국한되어 있다. 중규모와는 역시 지형류 평형을 이루고, 저기압성 및 고기압성 소용돌이가 있다. 또 소용돌이의 회전에 수반하는 흐름의 속도는, 매초 수cm에서 10 cm 정도이다. 이것은 외양(外洋)에 있어서의 변동으로서는 매우 큰 값이다. 그런데도 불구하고 최근까지 이 소용돌이의 존재가 발견되지 못한 것은, 외양에서의 유속을 장기간에 걸쳐서 측정하는 기술이 그만큼 진보하지 못했던 것이 큰 원인으로 생각된다. 현재는 이런 소용돌이가 대양 속의 도처에서 돌아다니고 있는 것으로 생각되고 있는데, 중규모와의 활동이 해류와 같은 평균적인 곳에 어떤 영향을 미치고 있는가는 아직 알지 못하고 있다.

# 15. 해류의 관측

## ❖ 해양탐험

인류는 언제쯤부터 해류가 있다는 것을 알았을까? 그리스 ·로마시대에는, 바다는 지중해가 중심이었고, 그 주위의 육지를 오케아누스(그리스말: Oceanus)라는 대양이 둘러싸고, 그 바깥쪽은 세계의 끝이라고 생각했던 것 같다. 따라서 대서양이나 태평양의 해류에 관한 지식은 전혀 없었다고 생각된다. 그러나 기원 전 1세기경에는 아이슬란드와 인도양을 탐험한 기록이 남겨진 것으로 보아, 당시의 선원들은 해류에 관해서도 알고 있었는지도 모른다. 8~11세기에 활약한 바이킹(Viking : 노르만인)은 응당 대서양 동부의 해류를 이용하여 항해를 했을 것으로 생각되고 있다.

그 후, 15세기의 인도항로의 발견과 신대륙의 발견 등의 시대를 거치며 항해술의 발달과 전후하여 해류에 관한 지식도 증대했다. 1497년, 이탈리아의 제노아의 선장 카보트(Cabot)는 영국왕의 명을 받아 라브라돌로 항해하던 도중에 해류를 발견하고, 이것을 라브라돌해류라고 명명했다.

또 같은 해에, 가마(V. Gama)는 포르투갈로부터 희망봉을 놀아 모잠비크해류를 거슬러 북상하여, 그 이듬해에 아프리카 동해안의 잠베지하구에서 남서계절풍 해류를 타고 인도의 캘커타에 도착했다는 기록이 남아 있다. 콜럼버스(C. Columbus)의 탐험항해에서 항로를 안내하던 알라미노스(A. Alaminos)는 1513년에 멕시코만을 발견했는데, 동시에 플로리다해협에 다달아서는 거슬러 올라갈 수 없을 정도로 거센 큰 해류를 만났다. 이것이 "만류(灣流 :멕시코만류)"인데, 알라미노

스는 이 만류를 극복하여 대서양을 서에서 동으로 건너가는 가
장 적합한 항로를 발견한 최초의 사람이 되었다.

1595년, 네덜란드인 린쇼텐 (Van Linschoten)은 수로지 (水路
誌)를 작성하여 대서양에 있는 해류를 상세히 설명했는데, 이것은
그후 100여년에 걸쳐 항해자의 지침이 되었다. 1678년, 역시 네
덜란드의 키르히너(E. L. Kirchner)가 간행한 인도양 해양도 (海洋
圖) 속에는, 서쪽으로 향한 적도해류와 아굴라스해류가 명시되어
있다. 또 1688년에 헬리 (E. Haley : 핼리 혜성으로 유명한 영국의 천문학
자)는 인도양의 계절풍과 더불어 변화하는 표층해류를 조사했
고, 또 북적도해류와 남적도해류 사이에 적도반류(赤道反流)가
흐르고 있다는 것도 밝혔다.

그러나 이와 같은 유럽인들에 의한 대항해시대의 해양탐험은,
새로운 항로와 영토를 발견하여 무역과 식민지를 통한 이익을
얻는 것이 목적이었기 때문에, 해류에 대한 과학적 조사를 위
한 것은 아니었다.

한편, 일본에서도 이미 12세기에는, 구로시오가 오키나와
제도로부터 일본 남안에 걸쳐서 흐르고 있다는 사실이 알려져
있었다. 그러나 더 넓은 범위, 즉 북태평양의 해류에 관한 지
식은 부족했던 것 같다. 특히 쇄국(鎖國)에 의해 외양의 항해
가 금지되어 있었으므로, 해류에 관한 지식이 단절되어, 표류
선들 가운데는 해류를 거슬러 귀향하려다가 실패하여, 선원이
모두 굶어죽은 예가 많았었다고 전해지고 있다.

❖ 해양의 과학적 조사

과학적인 입장에서 해양탐험이 처음으로 이루어진 것은 17
68년에서 1780년에 걸쳐 쿠크 (J. Cook)(영국의 항해자 : 캡틴 쿠
크로 유명하다)에 의한 3차에 걸친 세계주항이다. 그후 19세기
에 들어와서는 과학자가 탑승한 항해가 많아졌는데, 그 중에는
다윈(C. R. Darwin : (영국의 생물학자)이 탄 비글 (Beagle)호의 탐
험(1831~36)과, 영국의 챌린저(Challenger)호의 대항해(18
72~76 : 해양학의 관측방법을 확립했다고 한다)도 포함되며, 한편

페리(M.C.Perry:미국의 제독)가 인솔한 일본탐험대(1852~54)는 구로시오 등의 조사결과를 학술보고서로서 출판했다.

그러나 해류의 과학적 조사가 본격적으로 실시된 것은 20세기에 들어와서, 특히 제2차 세계대전 후의 일이다.  1950년에 만류를 대상으로 미국의 여러 과학자가 공동관측을 했는데, 이것은 6척의 관측선과 2대의 항공기를 사용한 획기적인 것이었다. 그 결과 해류는 단순한 띠모양(帶狀)을 이루고 있는 것이 아니라, 수 일에서 수 주간 사이에 유로가 크게 바뀌어지거나 역류와 소용돌이(渦)를 수반하고 있다는 것을 알게 되었다.

1951년에는, 해양학사상(史上) 최대의 발견이라 일컫는 "적도잠류(潛流)"가 발견되었다. 적도의 표층에는  남적도해류가 동에서 서로 향해서 흐르고 있는데, 그 바로 밑에서 거꾸로 서에서 동으로 향하는 강한 흐름이 있는 것이 발견된 것이다. 이것은 너비 200~300km, 길이 수천km, 최대유속이 매초  150cm나 되는 큰 해류로서, 해면 밑 100~300m가량의 곳을 흐르고 있다. 이 적도잠류는 발견자의 이름을 따서 Cromwell 해류라고도 부른다. 그리고 지난 30년쯤 사이에  온세계에서 해류가 수많이 관측되었다. 그러나 해류의 정체는 아직도  밝혀지지 않았고, 최근에 와서야 구로시오와 만류의  2대해류에 대해서는 조사가 비교적 활발히 진행되고 있는 상황이다.

❖ 해류의 관측방법

그러면 해류를 관측하는데는 어떤 방법을 쓰는 것일까? 현재 쓰이고 있는 관측방법은 직접측류(直接測流)와  간접측류로 크게 나뉘어지며, 직접측류는 다시 오일러(Euler)법과  라그랑즈(Lagrange)법으로 나뉘어진다.

오일러법은 유속계를 바닷속의 한 점에 고정하여 흐름을  측정하는 방법이다. 흐름의 세기는 프로펠러나 로터(rotor)의 회전수 토크, 판자나 막에 가해지는 압력, 와이어를 쳤을  때의 저항에 의한 기울기, 또는 도플러(Doppler)효과에 의한 음속

**사진 1**

  로터식 유측계의 예

  유속은 본체의 원통속에
있는 로터의 회전수로 측
정한다. 직사각형의 판자
부분은 유향을 결정하기
위한 것.

변화 등을 이용하여 측정한다 (사진 1).

  라그랑즈법은 바닷속에 물체를 띄워서 해수의 이동을 추적
하는 방법이다. 배 자체가 흘러가는 방법에 따라서 유속과 유
향을 추정하거나, 어떤 장소에서 편지를 넣은 병을 바닷속에
던져넣고, 그것을 주워올린 사람에게 일시와 위치를 써보내달
라고 의뢰하는 방법 등은 예로부터 써왔다. 현재는 표류부이
에 발신 (發信)장치를 장치하여, 그 전기신호를 추적하는 방법
이 채용되고 있다. 부이의 밀도를 적당히 조정하면, 바다의 표
층뿐만 아니라 어느 정도 깊은 곳에서의 흐름의 상태를 알 수
가 있다.

  간접측류에는 수온이나 염분을 측정하여 그 해류의 밀도분포
를 얻고, 그 압력경도력을 계산하여 지형류 (→12. 참조)와의
관계로부터 유속을 추산하는 방법이 있다. 이것을 역학계산(力
學計算)이라 부르며, 계속적인 관측을 하지 않아도 되어 편리

하기 때문에 많이 쓰이지만, 지형류 평형이 성립되지 않는다고
생각되는 얕은 바다나 적도 바로 밑에서는 쓸 수가 없다.

이 밖에도 간접측류법으로서 GEK ( geomagnetic electroki-
nematograph )라는 해류계를 쓰는 방법도 있다. 이것은 지구자
기장(磁氣場)과 전자(電磁)유도의 법칙을 이용한 것이다. 또
현재 주목을 끌고 있는 것은 위성고도계(衛星高度計)를 쓰는 방
법으로서, 해면의 기복(起伏)을 인공위성으로부터 관측하여 수
평( geoid )면으로부터 해면경사를 구하여, 역시 지형류  평형
의 관계를 써서 표면유속을 계산하는 방법이다.

❖ 해류의 성질

세계에서 해류라고 이름이 붙여진 흐름은 40개 이상이나 있
고 크기와 세기도 여러 가지이지만, 현재까지의 관측으로부터
해류의 성질을 요약하면 다음과 같다.

① 해류는 바닷속을 너비 100 km 이상, 길이 수백 km ~ 수
천 km에 걸쳐서 흐르고 있다.

② 하나의 해류에 있어서도 너비가 변화하거나, 역류를 발생
하거나, 소용돌이가 발생·소멸되거나 하여 복잡한 변화
를 하고 있지만, 평균적으로 보면 계속해서 한 방향으로 흘
러간다.

③ 해류의 표준적인 유속은 매초 수십cm이다. 다만 특별히
센 해류(구로시오, 만류, 모잠비크해류, 적도잠류)에서는  최대유
속이 매초 150 cm에서  250 cm에 달하는 것도 있다.

④ 해류 중에서는 띠모양(帶狀)의 양끝의 흐름이 가장 느리
고, 중앙이 가장 빠르게 흐르고 있는 것이 보통이다. 두께
도 장소에 따라서 다르지만 보통은 200 ~ 1,000 m 정도이
다(남극환류(南極環流)와 같이 두께가 3,000 m 이상이 되는 해
류도 있다).

# 16. 구로시오

## ❖ 구로시오의 영향

일본열도의 남안을 따라 남서로부터 동북으로 향해서 강하게 흐르는 해류를 "구로시오(黑潮)"라고 부른다. 이 구로시오는 우리 생활에 많은 영향을 끼치고 있다. 가다랭이나 참다랭이 등 난수성 물고기가 일본의 남해에서부터 동북 해역에까지 서식하고 있는 것은, 이 구로시오가 흐르고 있기 때문이다. 특히 일본의 산리쿠(三陸) 외양은 북에서 흘러오는 오야시오(親潮) 계의 어종도 모여들어 좋은 어장(漁場)이 되어 있다.

또 일본의 여름은 습도가 매우 높아 불쾌지수(不快指數)가 올라가는데, 이것도 남동에서부터 불어오는 바람이 따뜻한 구로시오 위를 통과할 때에, 습기를 다량으로 포함하는 것이 원인이다. 더우기 겨울에는 바람이 북서에서 불어오기 때문에 구로시오의 혜택을 받지 못하여, 일본의 기후에 관해서만은 구로시오는 이익보다 해가 클지도 모른다.

그러나 구로시오는, 일본연안을 떠나서 동으로 흘러가 북태평양해류로 이어져 있으므로, 그 앞쪽의 미국 서해안의 겨울 추위를 완화하는데는 상당한 도움을 준다. 이를테면 일본의 홋까이도(北海道)의 와카나이(稚內)와 포틀랜드는 대체로 같은 위도에 위치해 있지만, 1월의 평균기온을 비교하면 와카나이가 -5.8℃인데 대해 포틀랜드는 3.6℃로 큰 차이가 있다.

## ❖ 이름의 유래

연안수가 흰빛을 띠어 보이는데 대해, 외양의 흐름이 남흑색(藍黑色)으로 보이는 데서 구로시오의 이름이 유래하고 있으며 한자로는 "黑潮"라고 쓰는데 영어로는 "Kuroshio"라는 일

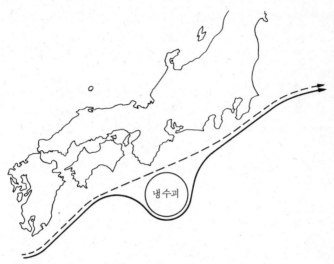

냉수괴

그림 1  구로시오의 두 가지 유로

본이름으로 불리고 있다.

❖ **구로시오조사의 역사**

구로시오의 존재는 상당히 오래 전부터 알려져 있었다. 구로 시오라는 이름이 문헌에 처음으로 나타난 것은 1782년에  일 본에서 간행된 「해도풍토기(海島風土記) — 하치죠지마(八丈 島)」가 최초라고 한다.

구로시오해역의 해양관측이 조직적으로 실시된 것은 20세기 에 들어와서부터이다. 특히  1925년경부터 일본 해군수로부(현 재의 해상보안청 수로부)와 기상청의 관측선 등이 광역관측(廣域觀 測)을 실시했다.  그러나 제2차 세계대전 때문에 이들 자료는 충분히 활용되지 못하고, 결국 구로시오조사가 본격적으로 실 시되게 된 것은 1950년 이후의 일이다.

❖ **두 개의 유로**

현재 구로시오는 대서양의 만류와 더불어 세계의 해류 중에 서는 가장 많이 관측되고 있는 것으로 알려져 있다.  관측량이 증가함에 따라, 구로시오는 복잡한 구조를 지녔고, 시간적으로도 상당히 변화하고 있다는 것을 알게 되었으며 또 수 개월에서 1년쯤의 평균을 잡아본즉 구로시오에는 두 개의 유로(流路)가 있다는 것도 알았다.

하나는 그림 1의 점선으로 표시된 것과 같은 일본의 남해안을 따라가는 직진로이다. 또 하나는 기슈(紀州) 외양에서부터 엔슈(遠州) 외양에 걸쳐서 크게 우회하는 유로(그림 1의 실선)로, 이것을 구로시오의 대사행(大蛇行)이라고 부른다. 대사행은 일단 형성되면 1년에서 수년에 걸쳐 유지되기 때문에, 안정된 유로로 간주되고 있다(구로시오는 산리쿠(三陸) 외양에서도 사행하고 있지만, 이 사행은 규모가 작을 뿐 아니라, 수 주일에서 수 개월 사이에 변화하기 때문에 대사행과는 전혀 다른 종류의 것으로서 구별되고 있다). 이 직진형과 사행형이라는 두 개의 안정유로의 존재가 알려져 있는 해류는 이 밖에는 예를 찾아 볼 수 없고, 구로시오만이 지니는 매우 드문 특성이다.

대사행의 안쪽은 북쪽의 해수로 구성되므로, 주위의 구로시오에 비하여 온도가 낮다. 따라서 이 부분은 대냉수괴(大冷水塊)라고 불린다("대"를 붙인 까닭은 다른 냉수괴 이를테면 산리쿠외양의 사행에 수반해서 생기는 것과 구별하기 위한 것이다). 대냉수괴의 지름은 200 km나 되므로, 온도가 높은 구로시오가 직진로를 취하고 있을 때와 비교하여, 연안의 기온이 떨어지고 어장도 완전히 바뀌어져 버린다. 이런 의미에서 일찌기는 대사행현상을 "구로시오이변(異變)"이라고 부른 적도 있었다.

냉수괴는 항상 반시계방향(저기압성)의 회전을 수반하기 때문에(→14. 참조), 대냉수괴의 형성과 함께 연안 가까이에는 서쪽을 향한 흐름이 생긴다. 저기압성의 소용돌이(渦) 중심에서는 수위가 낮아지고, 반대로 소용돌이 바깥쪽에 위치하는 연안에서는 수위가 증가한다.

최근의 대사행은 1953, 1959, 1975년에 일어났는데, 사행형과 직진형의 유로의 반복에는 규칙성이 있는가, 또 왜 두 개의 유로가 존재하는가에 대해서는 아직 밝혀지지 않고 있다. 또 구로시오는 태평양에서의 아열대순환(→13. 참조)의 일부이기 때문에, 구로시오의 형성에는 태평양 전체의 바람과 열의 분포가 관계되어 있고 대사행의 생성과정은 매우 복잡하다. 현재로서는 이즈(伊豆)해령의 존재가 중요한 역할을 하고 있다는 것을 알고 있을 정도이다.

### ❖ 물리적 특성

구로시오는 세계에서도 몇째가는 센 해류이다. 유축(流軸: 유속이 가장 큰 중앙부)의 유속은 매초 150 cm에서 때로는 250 cm에 달할 때도 있으며, 너비는 200 km 정도로 생각되고 있다. 또 흐름은 상당히 깊은 곳까지 도달하며, 700 m의 수심에서 매초 50 cm의 속도가 되는 때도 드물지 않다. 유량(흐름의 수직방향의 단면적에 평균유속을 곱한 것)은 매초 약 6,000 만 m³으로 추정되고 있다. 우리 나라에서 최대유량을 가진 하천은 한강인데, 그래도 구로시오의 유량의 약 20 만분의 1 정도밖에 안된다(하기는 유량으로 비교한다면 남극환류는 구로시오의 몇 배나 되는 크기를 가졌다고 한다).

구로시오는 평균적으로 서에서 동으로 흐르고 있는데, 이 구로시오 본류의 남쪽에 반대방향으로 향하는 흐름이 관측되고 있다. 이것은 "구로시오 반류(黑潮反流)"라고 불리며, 본류에 비해서 매우 약한 흐름이다. 구로시오 본류는 일본의 간토(關東) 동해안에서부터 연안을 벗어난다. 이 부분은 혼슈(本州) 남안의 흐름과 구별하여 "구로시오 속류(續流)"라고 부르기도 한다. 구로시오 속류는 북위 35°~36°부근을, 일본의 연안에서부터 수천 km에 걸쳐서 흐르고 있다. 이 해역은 북방에서 남하해 오는 오야시오(親潮)와의 경계이며, 수온이나 염분 등이 갑자기 변화하기 때문에 불연속선으로 간주하여 "구로시오 전선(前線)"이라고도 한다. 구로시오 속류는 동쪽으로 갈수록 폭이 넓어지는 동시 유속이 약해지며 북태평양 해류로 옮겨 간다.

# 17. 구로시오와 물고기

❖ 세계의 2대해류 구로시오

멕시코만류(Gulf Stream)와 더불어 세계의 2대해류로 불리는 구로시오는, 서진(西進)하는 북적도해류가 부딪히는 필리핀과 대만의 동쪽에서 출발하여, 대만과 오키나와의 이시가키(石垣)섬 사이에서 동지나해로 들어가, 오키나와 섬의 서쪽을 북상하여 아마미대오(奄美大島)에서 규슈(九州) 사이를 빠져 시고쿠(四國)외양, 기이(紀伊), 이즈(伊豆)반도의 외양을 통과하여 이누보자키(犬吠崎) 외양에서 동쪽으로 흘러가는 난류로서(그림 1) 일본해류라고 불리고 있다. 물의 색깔은 남흑색이며 아주 맑다.

구로시오는 흐름이 빠르고, 원류역(源流域)으로부터 일본의 남서제도 북방부인 사츠난(薩南)해역까지는 시속 1～2 노트 (1 knot 는 1시간에 1,852 m의 속도)이지만, 그 후는 사람의 보행속도보다 빠른 2～5 노트로 된다.

일본의 도쿄·오사카와 오키나와의 나하(那覇)간에는 정기객선이 취항하고 있는데, 오키나와행의 경우는 구로시오를 역행하게 되고, 귀로는 구로시오에 편승하게 되기 때문에, 귀로에서는 현재의 20노트 속도의 객선으로도 3～6시간이나 되는 차가 생긴다. 약 20년 전에 취항했던 속도가 느린 배로는 하루나 차가 있었다고 한다.

「이름도 모를 먼 섬에서 흘러오는 야자수 열매 하나… 」. 이 야자수의 열매가 마닐라 동쪽 해상의 구로시오 원류역에서 출발했다고 하자. 출렁거리며 구로시오를 타고, 약 2주 후에는 오키나와의 이시가키섬 서쪽, 그 후 다시 2주 후에는 규슈

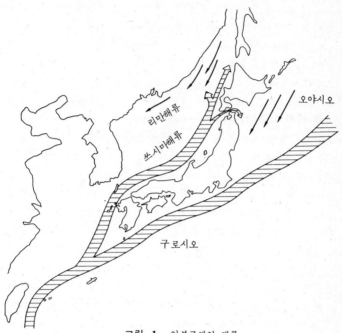

그림 1　일본근해의 해류

(九州)의 가고시마(鹿兒島) 외양에 도달하고, 그 후에는 약간 속도를 빨리해서 7～10일 후에는 아이치현(愛知縣)의 아쓰미 (渥美) 반도 앞 끝의 이라꼬사키(伊良湖崎)에 도달하는 계산이 된다.

이 너비 약 100～200km, 깊이 400 m 정도의 구로시오는 야자열매를 운반해 올 뿐만 아니라 기후, 문화, 역사 등 일본 인의 생활에 여러 가지 영향을 끼치고 있는데, 바닷속의 생물 에도 큰 영향력을 지니고 있다.

❖ 구로시오와 물고기

구로시오는 맑기 때문에 북에서 남하하는 오야시오에 비하면 영양염류와 이것으로 해서 자라는 플랑크톤이 적지만, 여름철에는 구로시오의 세력이 증대하는데 따라, 남방계의 많은 물고기가 이것을 타고 일본연안으로 온다.

이즈 (伊豆)반도 외양의 대형어를 예로 들면, 우선 봄과 더불어 가다랭이가 나타난다. 그리고는 청새치의 작은 떼 (한 마리가 30〜40 kg)가 6월 상순에 남쪽에서 이동해 온다. 6월 하순에는 흑새치 (120〜140 kg)가, 또 7월에는 열대참다랭이와 이른바 황다랭이가, 또 귀상어도 나타난다. 7월 하순에는 물치다래, 8월 상순에는 봄에 갓 난 흑다랭이가 10〜12 cm의 크기로 성장해서 온다. 이어서 하순에는 황다랭이가 20 cm 크기의 유어 (幼魚)로 나타나기 시작하고, 가다랭이 무리의 점다랭이가 9월 상순에, 이 가다랭이가 10월에, 이어서 12월부터는 전년에 난 흑다랭이가 오거나 오지 않거나 하는 등의 순서이다. 구로시오가 외양을 지나간 경우, 이들을 대상으로 하는 근해어업은 어장이 멀어져서 부진하게 된다. 이들 물고기는 구로시오와 함께 먹이를 구하여 멀리 남방에서 일본근해로 오는 것이다.

또 우리에게 잘 알려진 많은 어개류가 이 구로시오의 원류역이나 그 근처에서 산란을 한다. 이들 어개류의 알(卵)이나 치어도 구로시오를 타고 북상하면서 자라는 것이 많다. 흑다랭이, 방어, 잿방어, 뱀장어, 숭어, 피둥어꼴뚜기 등이 대표적인 것들이다.

이 밖에 규슈 이북에서 산란하고 알과 치어가 빠른 구로시오를 타고 북으로 운반되는 것도 많이 있다. 꽁치, 날치, 돌돔, 연어병치 등 부유조류 (浮遊藻類)와 밀접한 관계가 있는 물고기와 멸치, 정어리, 전갱이 등이 그렇고, 왕새우도 이 부류에 들어간다.

약간 색깔이 검지만 맛이 있는 정어리새끼는 봄에, 또 흰색으로 담백한 멸치새끼는 초여름부터 대량으로 나타나는데, 이들도 구로시오에 가까운 연안에서 남쪽에서부터 차례로 잡히기 시작한다. 이 치어는 연안에서 잘 자라는데, 그 해의 해류를

따라 알이나 유영력(遊泳力)이 부족한 치어가, 플랑크톤이 많
은 연안부에 운좋게 실려오면 풍어가 된다고 한다. 또 구로시
오가 연안에 너무 가까이 다가오면 "물이 맑으면 물고기가 살
지 못한다"는 말처럼 흉어가 되고, 또 거꾸로 구로시오가 외
양쪽으로 너무 쏠리면 연안수역이 넓어져서 어군이 확산되어
집중적인 어획이 되지 않아 흉어가 된다.

왕새우도 구로시오가 연안 가까이를 지나가면 투명한 시기의
유생(幼生)이 많이 실려와서 풍어가 되지만, 구로시오가 외양
을 지나가면 유생의 접안이 어려워지고 수년 후에는 흉어가 된
다는 연구결과가 있다.

또 열대나 아열대 해역에 많은 이른바 산호초 어류라고 불리
는 작고 색깔이 다채로운 아름다운 물고기의 무리들도, 알이나
치어의 시기에 남쪽에서 실려오는 것이 꽤나 있다. 초여름부터
늦가을에 걸쳐서 구로시오의 영향을 받는 일본 각지의 해변을
잠수해 보면, 필리핀 이남에만 성어가 있다고 전해지는 나비고
기류의 유어가 오키나와의 이시가끼섬의 산호초 사이를 헤엄치
는 것을 볼 수 있고, 규슈의 가고시마(鹿兒島)에서는 오키나와
에 많은 물고기가, 또 고치(高知)나 기슈(紀州)에서는 아마
미대도 주위에 많은 물고기가, 이즈(伊豆)나 미우라(三浦),
보소(房總)반도에서는 기슈보다 남쪽에 많은 나비고기와 자
리돔, 놀래기, 무늬쥐치 무리의 유어가 자주 나타난다.

지금까지 일본 근처에서는 발견되지 않았던 열대성 물고기의
유어가, 구로시오를 타고 집을 떠나서 머나 먼 사가미만(相模
灣)까지 왔다는 종이 벌써 10종류 이상이나 채집되어 보고
되어 있다.

❖ **구로시오에 실려오는 물고기는 일방통행인가?**

흑다랭이나 날개다랭이 등의 다랑어는 구로시오를 타고 일본
연안으로 회유(回遊)해 오는데, 그 가운데는 다시 구로시오 속
류라고 불리는 북태평양을 동쪽으로 향하는 해류를 타고 멀리
북미까지 가는 것이 있다. 가다랭이도 도중까지 가는 것이 있

**사진 1** 돌돔의 치어

체장 15mm의 치어

체장 26mm의 치어

는듯 하지만, 이들은 조만간에 다시 남쪽 바다로 되돌아간다. 또 숭어도 가을에는 큰 떼를 이루어 남쪽 바다로 돌아간다. 그렇지만 장거리 수영이 능숙하지 못한 것으로 생각되는 종류의 물고기는, 북쪽 해변으로 실려간 뒤에는 어떻게 되어 있을까?

일본의 시즈오카현(靜岡縣) 수산시험장 이즈(伊豆)분소에서는 일찌기 돌돔의 성어를 산란기 전에 표지를 붙여서 방류한 적이 있다. 돌돔은 해면에 사는 물고기로 유명하며, 몸이 평편하고 회유를 크게 하지 않는 것으로 생각되고 있었다. 치어나 미성어(未成魚)의 표지방류(標識放流)의 결과로도 사실상 큰 이동을 하지 않는 것으로 생각되었다. 그런데도 대부분의 예상을 뒤엎고 산란기 전의 돌돔은 놀랍게도 이즈(伊豆)에서 기이(紀伊)반도까지 약 300 km의 구간을, 빠른 것은 2 주간도 채 못되어 갔다고 한다.

부유조류(浮遊藻類)를 따라 북쪽으로 실려온 물고기가 남쪽으로 돌아가지 않는다고 한다면 머지않아 남쪽의 물고기는 없어지고 말 것이기 때문에, 남쪽으로 되돌아가는 것이 당연한 일이지만, 이 속도와 거리에는 놀랄만하다.

한편 겨울의 추운 날을 만나 동사한 남방계의 물고기도, 태평양 연안과 동해(東海)쪽에서 발견된 것이 보고되고 있다. 따라서 남방계의 물고기가 전적으로 남쪽으로 돌아가는 것만은 아닌 것 같지만, 구로시오를 따라 남쪽에서 북쪽으로 실려온 상당한 종류의 물고기는, 남쪽에 대한 "벌충"을 위해서 회유를 하고 있는 것이라고 생각하지 않을 수가 없다. 하기는 돌돔보다도 훨씬 작은 나비고기와 자리돔, 놀래기의 무리와 왕새우가 북으로 왔다가 남쪽으로 되돌아가는 「왕복표」를 가졌는지 어떤지는 아직 분명하지 않다.

# 18. 참다랭이의 태평양 횡단

## ❖ 참다랭이란?

일본 근해에서 잡히는 다랭이과의 어류에는 참다랭이, 눈다랭이, 황다랭이, 날개다랭이, 백다랭이의 다섯 가지가 있다. 생선시장에는 이 밖에, 일본 근해에는 없는 대서양참다랭이, 남참다랭이를 팔기도 한다. 돛새치류를 새치다래 또는 다랭이라 하면서 파는 것도 있지만, 이것은 다랭이류와는 다른 무리이다. 하기는 겨울철의 청새치나 황새치의 기름진 살은, 시시한 다랭이보다는 훨씬 맛이 좋고 값도 비싸다고 한다.

몸은 방추형(紡錘形)이며, 넓은 대양을 종횡으로 고속도로 헤엄쳐 다니는 체형을 지닌 흑다랭이는 참다랭이라고도 불리며, 태평양과 대서양의 온대에서 열대해역에 걸쳐서 널리 분포하여 있고, 일본에서는 세도내해(瀨戶內海)를 제외한 전국 각지의 연안에서 잡히고 있는 가장 값이 나가는 다랭이다.

체장 약 3m, 체중 400kg쯤이 되는, 다랭이류 중에서도 가장 성장하는 종류이고, 더우기 가장 북쪽까지 분포하는 종류이다.

## ❖ 참다랭이의 산란장

태평양과 대서양에 널리 분포하는 참다랭이의 산란장은, 태평양에서는 필리핀 근해에서부터 일본의 오키나와의 야에야마제도(八重山諸島) 부근이고, 대서양의 경우도 매우 제한된 장소에서 산란하는 것 같다. 최근의 연구결과에 의하면, 이즈제도[伊豆諸島 : 일본의 도쿄후(東京府)에 속한 섬]와 동해에 면한 사도[佐渡 : 일본의 니이가다현(新潟縣)에 속한 섬] 해협에서도 부화한지 얼마 안되는 치어가 채집되었는데, 알과 치어가 한 곳

*Thunnus thynnus* (LINNAEUS)

그림 1  참다랭이

에 떼를 지어 잡히는 것은 야에야마 근해가 많다는 데서, 이 해역이 중심일 것이라고 보고 있다.

알은 투명하며 지름 1mm의 구형(球形)을 이루고 있는데, 약 1주야이면 부화한다. 부화한 후는 성장이 매우 빨라, 일본의 긴키(近畿)대학의 하라다(原田輝雄)들의 연구에 의하면, 바다에서 잡힌 0세어(零歲魚 : 만 한 살이 안된 것 )를 5년간 사육하여, 산란·부화를 시켜 50일간 사육한 결과, 체장이 약 10 cm, 체중은 11.2g이 되었다는 보고가 있다. 참돔이나 감성돔에서는 기껏해야 3 cm에 1 g인 것으로 미루어 보아, 얼마나 성장이 빠른지를 알 수 있을 것이다.

산란장에서 부화한 치어는, 구로시오 또는 쓰시마난류(對馬暖流)를 타고 자라면서 태평양쪽 연안, 규슈(九州) 서해안, 동해해역으로 나간다. 산란기는 4〜7월로 잡고 있지만, 이즈반도 연안에는 7월 하순에서 8월 상순에 와서 그물이나 낚시에 잡히는데, 작은 것도 전장 15 cm, 큰 것은 30 cm를 넘는다. 그리고 그해 겨울에는 벌써 체장 50 cm, 체중 3 kg을 넘는 것을 볼 수 있을 만큼 성장한다.

❖ 태평양 횡단

동해로 들어와서 성장한 어린 다랭이는, 겨울철에는 소야곶(宗谷岬)이나 쓰가루(津輕)해협 또는 규슈 서쪽을 통과하여, 태평양 연안 또는 지나해협으로 나가는 한편, 태평양쪽에서 성장한 어군도 약간은 남하하는 습성이 있는 것 같다.

이듬해 봄에서 여름이 되면, 이즈에서도 이 어군은 별로 볼 수가 없게 되고, 이 부근의 어부들의 말로는, 아마 다른 바다로 가버렸을 것이라고 생각하고 있지만, 오키나와 서단의 요나쿠니(與那國)섬과 남단의 하테루마(波照間)섬에서도, 한살짜리 정도의 젊은 황다랭이가 잘 낚여지고 한살짜리 정도의 참다랭이는 전혀 낚여지지 않는다는 것으로 보아서는 전적으로 남하해 버리는 것이 아닌 것 같다는 것도 오래 전부터 알려져 있은 듯하다.

그런데, 최근에 와서 겨우 이 수수께끼가 풀려졌다. 즉 이 소년기의 참다랭이 중의 상당한 수가, 일본으로부터 곧장 동진(東進)해서, 구로시오의 속류를 따라서 미드웨이섬 북쪽 해역 근처로 진출하는 것을 알았다. 전부터 이 해역에서는 주낚시(延繩釣) 등으로 참다랭이를 잡고 있었는데, 대낚시(竿釣) 배가 날개가다랭이를 쫓아가서 어획하자, 젊은 참다랭이도 꽤나

표 1  해양목장의 계획연구에 의한 참다랭이의

| 방류장소 | 방류년·월 | 방류수 |
|---|---|---|
| 시즈오카현·이즈 시모다 깊은 바다 | 1980·8~10 | 394 |
| | 1981·8~9 | 693 |
| | 1982·8~9 | 4 |
| 도야마현·히미 깊은 바다 | 1980·11~12 | 140 |
| | 1981·11~12 | 467 |
| | 1982·11~12 | 257 |
| 나가사키현·고토 오지카 깊은 바다 | 1980·11~12 | 268 |
| | 1981·11~12 | 443 |
| 시마네현·오키 우라사토 깊은 바다 | 1982·12 | 233 |

많이 잡힌다는 것과, 물고기에 표지를 하여 놓아주는 표지방류의 결과에서도 이 사실이 밝혀졌다.

이 부근은 해저의 지형에 변화가 많고, 크고 작은 해산( 海山)이 있는데다 기상과 해황(海況)이 복잡하여 먹이가 되는 작은 동물이 많을 것으로 생각된다. 그리고 이 무리 중의 한 무리는 미국으로까지 건너가는 것이 있다는 것도 알았다. 1964년과 1965년에 일본의 고치현(高知縣) 수산시험장의 조사선이, 보소반도(房總半島) 외양에서 표지방류를 한 참다랭이의 유어가, 두 마리쯤 북미에서 다시 잡혀진 것에서, 경로는 분명하지 않으나, 미국으로 건너가는 물고기가 있다는 것이 우선 밝혀졌다.

그리고 최근에, 일본의 수산청이 실시하고 있는 「근해 어업 자원의 가어화(家魚化) 시스팀의 개발에 관한 종합연구 (marine ranching : 해양목장 계획 )」의 대상 어종의 하나로 이 참다

표지방류와 다시 잡힌 상황

| 방류 후의 시·공(時空)별로 본 다시 잡힌 상황 | | | | | | | | |
|---|---|---|---|---|---|---|---|---|
| 0세어에서 다시 잡힘 | | | 1세어에서 다시 잡힘 | | | 2세어에서 다시 잡힘 | | |
| 일본근해 | 북서·중 북태평양 | 북미캘리포니아 연안 | 일본근해 | 북서·중 북태평양 | 북미캘리포니아 연안 | 일본근해 | 북서·중 북태평양 | 북미캘리포니아 연안 |
| 61 | | | | | | | | |
| 111 | | | 2 | 1 | 7 | | | |
| 1 | | | | | | | | |
| 9 | | | | | | | | |
| 18 | | | | | | | | |
| 1 | | | | | | | | |
| 14 | | | 17 | 23 | | | 8 | 3 |
| 10 | | | 10 | 39 | 8 | | | |
| | | | | | | | | |

( 일본 수산청 ; 원양 수산연구소 )

랭이가 선정되고, 이 중의 일련의 연구의 일환으로서 표지방류
를 더욱 다량으로 실시하여, 시작한지 아직도 몇 해 밖에 안되
었는데도 표 1에 보인 것과 같이, 새로운 귀중한 성과가 얻어
졌다.

이것에 의하면, 0세어를 방류한 경우, 얼마 동안은 일본 근
해에 있지만, 한 살이 되면 일본 근해를 벗어나서 도양 회유(渡
洋回遊)에 나서게 되는 것이 많아지고, 일부는 북미의 캘리포니
아 연안까지 진출하는 것도 있다. 또 2세어에서는 오히려 일
본 근해에서는 많이 잡히지 않고, 캘리포니아 연안에 체류하고
있는 것이 있다는 사실이 밝혀지고 있다.

### ❖ 참다랭이의 친정나들이

캘리포니아 연안의 다랭이 어획은, 주로 건착망에 의해 통조
림의 재료 확보를 위해 하고 있는데, 치어와 성숙한 알을 가진
성어(成魚)는 잡히지 않고 있다. 100kg 전후의 것도 드물게는
있는 모양이지만, 주체는 20kg 이하의 한, 두 살짜리 생선이
다.

참다랭이는 여기서 정어리류 등의 먹이를 잡아먹고  성장한
후, 다시 일본으로 향해서 되돌아 온다. 야마나카(山中 一)가
쓴 『태평양에 있어서의 참다랭이의 생태와 자원』이라는 책에
의하면, 여태까지 미국에서 표지방류된 체중 5~15kg의 참
다랭이 중 9마리가 일본 근해에서 다시 잡혔고, 가장 빠른 것
에서는 방류 후 674일, 길게 걸린 것에서는 1,906일만에 잡
히고 있다. 이 동안에 15kg의 것이 110kg으로 자랐다는 예
가 있다.

그리고 일본으로 돌아온 참다랭이는, 산리쿠(三陸) 외양과
이즈제도 또는 동해로도 들어가서 청년기를 보내고, 적어도 5
살, 체중으로 쳐서 50kg 이상으로 성장해서는 남쪽으로 내려
가 산란하는 것 같다. 산란을 마친 성어는 연어처럼 죽어 버리
는 것이 아니라, 그 후 몇 해나 성장하여 산란을 계속한다.

참다랭이의 어느 나이의 것이 왜 이토록 크게 회유(回遊) 하

는지? 또 1~2 살의 것도 일본 근해에 남아있는 물고기가 꽤
나 있으므로, 이것들의 차이는 어디에 있는지? 오스트레일리
아 동해안에도 분포를 볼 수 있는데, 이 무리와는 어떤 관계가
있는지? 또 남아있는 계열군만의 선발 육종이 가능한 것인
지? 참다랭이에 대해서도 밝혀야 할 문제가 많다. 이런 의미
에서도 해양목장 계획의 성과가 크게 기대되는 바이다.

# 19. 실러캔드

## ❖ 살아있는 화석

「살아있는 화석」이라는 말에 매력을 느끼기 때문인지 자칫 남용되기 쉽지만, 실러캔드(Coelacanth)에 관한한, 이 대명사 이외에는 적절한 표현이 없을 것 같이 생각된다. 이 고대어(古代魚)의 발견에 얽힌 에피소드도 이제는 낡아빠진 느낌이 없지 않지만 그래도 역시 감동적인 이야기다. 그래서 다시 반복하는 것을 양해하기 바란다.

1938년말, 남아프리카의 케이프타운 동쪽 1,000 km 쯤의 이스트 런던항구에서, 이 읍의 박물관원 라티머(Latimer) 여사가 발견한 전장 1.4m나 되는 거대한 물고기가, 이 세기적인 대발견의 단서가 되었다. 이미 상당히 손상된 이 물고기의 스케치가, 남아프리카의 어류학자 스미스(Smith)교수의 눈에 띄어, 6,000만년 전에 절멸한 것으로만 생각되고 있던 총기류(總鰭類)라는 화석어(化石魚)의 무리인 실러캔드로 동정(同定)되어, 온 세계를 깜짝 놀라게 했다. 완전한 개체(個體)를 찾아 헤매던 교수의 집념은, 마침내 1952년과 1953년에, 이번에는 프랑스령 코모로제도 근해에서 제2, 제3의 개체를 발견함으로써 결실을 보아, 6,000만년 전의 물고기의 모습을 직접으로 관찰할 수 있게 되었다.

현재까지, 이미 80개체 이상의 실러캔드가 포획되어, 그들의 형태에 대해서는 물론, 생활방식에 대해서도 꽤나 많은 것을 알게 되었다. 주요한 점을 요약하면 다음과 같다.

(1) 모두 같은 종류이고 Latimeria chalumne라는 학명(學名)이다. 이 이름은 발견자 라티머 여사와, 첫 발견지

사진 1  거대한 실러캔드 ( 전장 177 cm )

인 샬무나강 외양에 연유하여 붙여졌다.

（2） 서식하는 수심은 50 ~ 60 m로, 특히 200~300 m의 심도대 (深度帶)를 중심으로 잡히고 있다.

（3） 많이 잡히는 것은 12 ~ 5월의 시기이다.

（4） 번식방법은 난태생 (卵胎生)이라 하여, 체내에서 알이 부화하고, 새끼는 어미의 모습으로 된 후에 낳아진다는 것을 알았다. 불과 한 건월 에이지만, 전장 30 cm 이상의 새끼가 5개체쯤이나 태 안에서 발견된 것으로 추정하여, 상당한 크기의 형태로서 낳아지는 것 같다. 알도 연식 정구공만한 크기의 것이 있다.

（5） 어미의 최대 개체는 암컷에서 180 cm나 된다. 이 개체의 나이는 11세로 추정되고 있다.

현재는 실러캔드의 표본이 세계 각지의 대학, 박물관, 수족관 등에 전시되고 있어, 그 위용을 직접 관찰할 수 있는 기회가 많아졌다.

스미스 교수는 본래 화학이 전공이었는데, 그것을 연구하는 한편 어류에 대해서도 관심을 가지고 있었다. 반드시 정확한 것으로만 생각할 수 없는 한 장의 스케치를 바탕으로 하여, 6,000만년이라는 긴 세월의 격절 (隔絶)을 극복한 그의 선입관에 구속되지 않은 두뇌회전은, 어쩌면 그가 어류전문가가 아니었었다는 점에 행운이 깃들어 있었는지도 모른다.

스미스는 그 후, 어류분류학(魚類分類學)으로 전향하여 남아
프리카 외양의 어류에 관한 많은 보고를 발표했으나, 역시 실
러캔드의 발견자로서의 명성이, 그를 평생토록 따라 다닌 것은
당연한 일이라고 할만하다. 그가 죽은 후에도 교수의 연구실의
기념엽서에는, 그 업적을 기념하여 실러캔드의 그림이 그려져
있다.

### ❖ 아직도 모르는 일들

극히 최근에도, 일본으로부터 실러캔드 조사대가 출발했다
는 뉴스가 있었다. 이미 조사가 다 된 것으로 생각되는 이 물
고기에 대해서, 도대체 무엇이 관심사로 남아 있다는 것일까?

우선, 이 물고기가 주목되는 이유로는, 단순히 고대어가 살
아남아 있다는 관점에서 뿐만 아니라, 물고기로부터 육상동물
(양서류)이 진화하는 단계에서, 실러캔드가 그 중간적인 위치
에 있지 않았던가 하는 기대가 있기 때문이다. 지느러미의 구
조를 비롯하여 체제의 여러 특징 중에, 이 예상을 뒷받침할 만
한 사실이 꽤나 인정되고 있는데, 살아있는 모습에서 이 지느
러미가 어떻게 동작하는 것인가에 대해서는 아직껏 확인되지 않
고 있다.

일찍이, 미국조사대는 생포한 개체를 얕은 곳으로 끌어올려,
유영 중인 장면을 사진으로 남겼다. 그러나 그 한 장의 사진이
가리키는 포즈는, 장시간의 격투로 지쳐빠진 모습으로 밖에는
비쳐지지 않았다. 찢어진 가슴지느러미는 너무도 참혹하다. 그
러나 보고서는 이 모습으로부터 가슴지느러미가 네발로 보행

THE JLB SMITH INSTITUTE OF ICHTHYOLOGY
PRIVATE BAG 1015
GRAHAMSTOWN, 6140
SOUTH AFRICA

**사진 2** 실러캔드의 발견자 Smith박사가 있었던 연구소의 그림엽서의 도안

하는 전구적 (前驅的)인 상태를 가리키고 있다고 보고하고 있다.

또 하나는, 역시 생포와 관계되는 일이지만, 신선도가 좋은 상태에서 연구의 메스를 가함으로써, 그들의 생리적 기능 등을 더 자세히 알고 싶다는 데에 있다. 최근에 급속한 상승기류를 타고 있는 유전자공학 (遺傳子工學) 등으로 대표되는 수법, 즉 생 생물화학적 연구에 있어서는 신선한 시료(試料)가 필요하다. 그러나 이 「살아있는 화석 」의 전모가 해명되려면, 아직도 많은 세월이 필요할 것이다.

### ❖ 실러캔드와 인간

이상하게도 두 번째 이후의 개체는 모두 코모로제도의 한정된 해역에서만 잡혔고, 같은 계열에 있는 다른 여러 섬들에서 발견된 것은 없다. 이 차이가 무엇에 기인하는 것인지는 잘 모르지만, 코모로제도가 화산성 지형이고, 민물의 용출(湧出)이 있다는 특징을 가졌다는 점이 지적되고 있다. 실러캔드가 고세대의 데번기 (Devon 紀)에는 담수역 (淡水域)에서 생활하고 있었다는 것과 어떤 관계가 있는 것일지?

그런데, 이 물고기가 모두 코모로제도의 어부에 의해서 낚시로 잡히고 있다는 사실은 의외로 알려져 있지 않다. 모든 것은 그들의 직감에 의한 채집이며 정확한 포획위치나 수심에 대한 기록은 거의 없다. 어쨌든 100~400 m의 수심에서, 해안에서부터 수백 m를 떨어져 있는 근처가 좋은 어장이라고 하므로, 생각하기 보다는 해안 가까이에 있는 물고기라고 할 수 있다. 7 cm쯤의 큰 낚시바늘에 갈치 무리의 생선살을 미끼로 하여, 호쾌한 밤낚시에 의해서 잡힌다는 것은 과연 고대어라는 느낌마저 든다.

일찌기, 영국의 조사대가 준비했던 어구로 포획을 시도했다가 실패로 끝난 것을 생각할 때, 이 「살아있는 화석 」의 연구에, 현지의 어부들이 큰 공헌을 했다는 사실을 간과할 수 없다. 그리고 과학적인 관심과, 이 인류에게 남겨진 역사적 유산의 보호에 대한 관심이 잘 조화를 이루어 나가기를 바랄 따름이다.

# 20. 물고기의 나이와 수명

낚시잡지를 보면 화보를 장식하고 있는 큰 돌돔의 사진이 눈에 띈다. 전신이 거무스레한 것이 인간에다 비유하면, 마치 긴 세월을 살아 온 시골 노인같은 풍모를 느끼게 한다. 도대체 이들은 몇 살이나 될까? 여기서는 물고기의 나이와 수명에 대한 얘기를 하기로 한다.

그런데, 물고기의 나이니 수명이니 하고 쉽게 말하지만, 물고기의 사회에는 호적 따위가 없으므로, 물고기의 나이를 조사하는 데는 호적 대신이 될 만한 것을 그들의 몸에서 찾아내야 한다. 우선 물고기의 나이를 나타내는 것 —연령형질(年齡形質)부터 설명하기로 한다.

❖ 물고기의 연령형질

연령형질의 대표적인 예로는 본목식물(本木植物) 의 나이테(年輪)가 있다. 연령형질이 되기 위해서는 ① 모든 개체에 동일하게 형성되고, ② 1년에 한 개 또는 복수더라도 주기적으로 형성되며, 또 ③ 일생동안 없어지지 않고 기록되어야 한다는 조건이 필요하다.

경골어류(硬骨魚類)의 몸에는, 이와 같은 조건을 갖춘 것으로서 비늘, 척추뼈, 내이(內耳)에 있는 이석(耳石) 등에 생기는 바퀴무늬(輪紋)가 있다. 어느 것이나 다 표면에 탄산칼슘 등의 물질이 침착함으로써 성장한다. 따라서 그 표면 또는 단면에는 성장하는 데에 따라서 동심원모양의 바퀴(輪)가 형성되게 된다. 또 각각의 바퀴의 간격, 즉 물질의 침착속도(沈着速度)는 물고기의 성장의 늦고 빠름을 반영하고 있다. 그러므로 환경이 좋고, 물고기의 성장이 빠른 시기에는 바퀴사이

사진 **1**  샛비늘치의 이석

가 뜨고, 반대로 성장이 느린 시기에는 **빽빽**하게 된다. 이리하여 바퀴사이가 성긴 부분과 **빽빽**한 부분이 번갈아 배열되어, 주기적인 바퀴무늬가 만들어진다.

다음은, 이 바퀴무늬가 1년에 한 개냐 또는 복수로 만들어지느냐를 조사해야 한다. 이것을 조사하기 위해서는 테트라사이클린이라는 항생물질이 흔히 사용된다. 이 물질은 단단한 조직(硬組織)에 잘 정착하고, 형광현미경으로 관찰하면 그 부분이 형광을 발하여 뚜렷이 식별할 수가 있다. 즉 이 물질을 주사함으로써, 주사한 시일을 물고기의 체내에 기록할 수가 있다. 그래서 이 물질을 주사한 물고기를 방류했다가 일정한 세월이 지난 후 다시 잡아서, 방류 후에 형성된 바퀴무늬의 수와 실제의 횟수를 비교한다. 이렇게 해서 조사하면, 종류에 따라서는 1년에 두 번을 만드는 것도 있지만, 대다수는 1년에 한 번의 바퀴무늬가 만들어진다는 것을 알았다. 즉 본목식물의 나이테와 마찬가지로 이상적인 연령형질이었던 것이다.

그러면, 이들 연령형질을 사용해서 조사한 물고기의 나이와 수명에 대해서 살펴보기로 하자.

### ❖ 수명이 긴 물고기와 짧은 물고기

전설에는 200년이나 400년을 살았다는 잉어 얘기가 있다. 그러나 이것은 얘기일 뿐 현실로는 50년 이상을 살았다는 예가 없다. 그래도 물고기 중에서는 잉어의 수명이 장수 No.1의 부류에 들어갈 것이다.

물고기에는 보통, 대형 종류가 수명이 긴 경향이 있다. 철갑상어류는 30살 이상, 북양에 있는 체장이 3m나 되는 가자미의 무리에서는 20살이라고 하는 기록도 있다. 또 체장이 1m나 되는 거대한 참돔의 나이를 조사한즉 30살이었다는 얘기도 있다.

체장이 30cm쯤인 대부분의 물고기는 수명이 수년～10년쯤이라 하며, 망상어는 3년, 멸치는 2～4년, 가자미는 4～7년, 정어리, 전갱이, 고등어 등은 5～6년으로 일생을 마치는 것 같다. 모두 태어나서 1～2년이면 성숙하고, 일생동안에 여러 번 산란한다.

그런데, 물고기 중에는 일생동안에 한 번밖에 알을 낳지 않고, 산란 후 얼마 되지 않아 죽어 버리는 것이 적지 않다. 바다빙어와 곱사숭어는 생후 2년, 홍연어는 3～6년, 백연어는 2～4년, 송어는 3～4년, 붕장어와 뱀장어는 8년 전후에서 성숙하여, 산란 후 죽는다. 또 은어, 뱅어, 사백어, 빙어 등은 생후 1년에 성숙하여, 산란 후 곧 죽어버리는 덧없는 생명의 소유자이다.

이들처럼 일생에 한번 산란하고서 죽어 버리는 물고기의 대부분은, 산란을 위해 바다에서 강으로, 또는 강에서 바다로, 두드러지게 다른 환경으로 대이동을 하는 사실이 알려져 있다. 산란과 새로운 환경에 순응하기 위해서는 막대한 에너지가 필요하며, 이 때문에 모든 에너지를 다 써버리는 것이다. 그야말로 「정력과 끈기를 온통 다 써버리고서의 죽음」에 이른다.

### ❖ 장수하는 상어

그런데 상어의 비늘은 이(齒)와 같은 구조를 하고 있으며,

**사진 2** 은어의 이석에서 볼 수 있는 일륜(日輪)

표면에 주기적인 바퀴무늬(輪紋)를 만들지 않는다. 또 연골성(軟骨性)이기 때문에, 이석(耳石)에 대한 탄산칼슘의 침착도 약해서 뚜렷한 바퀴무늬가 형성되지 않는다. 이 때문에 상어에서는 간신히 척추뼈에 만들어지는 바퀴무늬로서 나이를 조사한다. 또 돔발상어 등 등지느러미에 가시가 있는 종에서는, 그 가시의 단면에 볼 수 있는 바퀴무늬도 연령형질로서 사용한다. 이렇게 하여 조사된 결과 별상어, 악상어, 청새리상어, 청상아리 등은 10년 이상이나 산다는 것을 알았다. 또 곱상어와 오스트레일리아산 까치상어의 무리에서는 40년 이상을 살았다는 보고가 있다. 체장 15m나 되는 거대한 돌묵상어는 성숙하기까지 6〜8년이 걸린다고 한다. 수명은 성숙하는 나이의 4배 전후라고 하는데, 이것이 상어에도 적용된다면 돌묵상어는 20〜30년은 살 것이다. 어쨌든 상어는 수명이 긴 물고기라 할 수 있다.

❖ **하루에 한 개씩 만들어지는 이석의 바퀴**

이석을 배율이 높은 광학현미경이나 주사전자(走査電子)현미경으로 관찰하면, 바퀴무늬를 형성하는 수많은 가느다란 바퀴가 보인다. 이 바퀴는 테트라사이클린을 사용한 실험으로부터 하루에 한 개씩 만들어지는 연령이 아닌 일령(日齡)을 기록하는 것임을 알았다.

은어, 멸치, 태래어(ti lapia) 등에서, 이 일령으로부터 그들의 치어기(稚魚期)의 생태를 보다 깊이 알아내려는 연구가 활발히 이루어지고 있다.

# 21. 날 수를 새기는 물고기의 이석

## ❖ 연령과 일령

　인구동태를 밝히기 위한 국세조사 (國勢調査)가 정기적으로, 전국적인 규모로 실시되고 있다는 것은 여러분도 잘 알고 있는 일이다. 그만한 규모와 정확성에는 비교할 바가 못되나, 해양의 생물자원에 대해서도 그 동태를 해명하려는 끊임없는 노력이 계속되고 있다. 어쨌든 바닷속에서의 일인데다, 우리가 직접으로는 감시할 수 없는 세계에서 일어나는 현상을 파악하려는 것이므로, 여간 초조하고 안타까운 일이 아니지만, 우선 나이를 실마리로 하여 분석을 진행하는 것이 상투적인 방법이다.

　일반적으로 알려져 있듯이, 물고기의 비늘에도 나무의 나이테 (年輪)에 해당하는 것이 있어 이것으로 나이를 알 수 있는 것이 사실이다. 그러나 물고기의 종류에 따라서는 그 형성방법이 구구하여, 이를테면 산란 때의 생리적인 생태가 비늘에 새겨지는 따위의 일도 있고 하여, 나이를 알아낸다는 것은 생각만큼 쉬운 일이 아니다. 물론 크기도 나이의 가름이 되기는 하지만, 인간의 경우를 생각해도 그것이 그리 정확한 것이 못된다는 것을 이해할 수 있을 것이다. 하물며 물고기의 일령(日齡)을 알아낸다는 것은, 불가능한 일이라고 말한 것이 대다수 사람의 예측이었다.

　그런데 최근에 와서, 물고기의 내이(內耳)에 있는 "이석(耳石) "이라고 불리는 탄산칼슘의 결정에, 하루를 단위로 하는 주기성 (周期性)이 있는 줄무늬가 만들어진다는 사실이 발견되어, 이것을 단서로 하여 일령을 알 수 있는 획기적인 발견이 이루어졌다. 발견의 발단은 조개껍질이었지만, 현재는 물고기를

사진 1 멸치의 치어의 이석에서 볼 수 있는 일주륜(日周輪)
좌는 생후 11일째, 우는 약 50일째(체장 26 mm )

중심으로 일령연구가 활발하게 이루어지고 있어, 이른바 붐을
이루고 있는 느낌이다.

❖ 일령을 알게 되면 무엇을 알게 되는가?

왜, 일령에 대한 관심이 이다지도 높을까? 기본적으로는
나이와도 같은 것이지만, 물고기의 동태 중에서 탄생 후 얼마
안되는 시기, 즉 자어(仔魚)나 치어(稚魚)라고 불리는 단계
는 사망률이 가장 높아서, 이 시기를 잘 살아남는 방법이 그
후의 자원량을 크게 좌우하는 것으로 믿어지고 있기 때문이다.
불과 수mm의 이석에 1년 이상의 일령이 정확하게 기록되리
라는 것은 바랄 수 없는 일이지만, 100일 전후까지가 통상적
인 일령의 추적범위일 것이다. 그러나 이만한 기간이면 위에서

말한 대량 사망의 주된 시기를 파악할 수는 있는 것이다.

청어, 정어리 등의 대표적인 어업자원을 대상으로, 이미 많은 연구가 있었고, 현재는 바닷속의 치어가 어느 달, 며칠날에 태어난 것인지를 추정할 수 있을 정도로까지 진보했다. 체장은 같아도 탄생일이 예상외로 빠르다든가 한 동아리 속에도 생일이 구구한 것들이 섞여 있다든가, 경우에 따라서는 출생한 수역(水域)까지도 추측할 수 있는 등, 「일령」을 알게 됨으로써 우리는 야외에 있는 생물로부터 얻는 정보의 질과 양을 크게 확대할 수 있게 되었다.

이 새로운 수법에 의해서 얻어진 성과의 하나로는, 이를테면 멸치 등에서는 날마다 대량의 알을 낳고 있는데, 살아남는 방법에는 하루 사이에도 큰 변동이 있으며, 우연히도 환경조건이 좋은 같은 날에 산란된 무리들만이 살아남아서, 그 후의 자원량을 지탱하고 있는 듯하다는 것이 처음으로 검증되었다.

### ❖ 하루의 리듬

생물의 활동은 주기성과는 불가분의 관계가 있는 것이 보통이다. 4,000~5,000 m의 심해생물에도 연주기(年周期)가 있는 것 같다고 하므로, 생물은 매우 민감하게 환경의 주기를 체내에 도입하고 있는 듯하다. 일주성(日周性) 리듬으로는 개일리듬(槪日리듬: Circadian)이 내인성(內因性)의 것으로서 유명하다. 물고기의 일령을 지배하는 것으로는 빛, 온도, 먹이 등의 외부조건과 내인성 리듬이 복잡하게 상관되고 있다는 사실이 알려지고 있다. 그러나 종류에 따라서는 전혀 일주륜(日周輪)이 인정되지 않는 것도 있고, 또 바퀴무늬의 형성이 불규칙한 것이 있는 등, 일령의 수법에 대해서도 해명해야 할 점이 많다.

그러나 한 마리의 치어에 대해서도 그 생년월일을 알아낼 수 있다는 것은 정말로 놀랍고도 신기한 일이 아닐 수가 없다. 귓속의 평범한 작은 돌이 마치 LSI처럼 그들의 생활 이력을 기억하고 있는 것이다.

# 22. 기묘한 물고기 · 진귀한 물고기

❖ 눈길을 끌기 쉬운 물고기

신문의 컬럼 등에 이따금 진귀한 물고기가 잡혔다는 기사가 실리는 적이 있다. 그것들은 보통 유별나게 몸집이 크거나, 형태가 특이한 것들인데, "기어(奇魚)·진어(珍魚)"의 범주에 들어갈 만한 것들이다.

일본의 니가타현(新潟縣)의 해안에는 겨울철이 되면 어김없이 수많은 난해성(暖海性) 동물들이 뭍으로 떠밀려와서 지방뉴스의 화제거리가 되곤 한다. 그런 것들 중에는 가시복, 투라치 등의 물고기 외에도 장수거북, 바다뱀, 왕오징어, 늪문어 등의 파충류와 두족류(頭足類)까지 끼어 있어서, "뭍으로 밀려 오른 동물떼"는 흡사 「기어·진어들의 떼거리」라고 부를 수 있을 만큼 특이한 조성(組成)을 지니고 있다.

이런 현상을 동해 전역에 걸쳐서 조사하여, 해양생물학(海洋生物學)적 연구에 착수했던 일본의 니시무라(西村三郎)라는 연구자는, 이들 동물이 여름철을 중심으로 해서 쓰시마(對馬) 해협을 통과하여 동해로 들어왔다가는, 겨울의 거센 계절풍에 떠밀려서 혼슈(本州) 연안에 나타난다는 메카니즘을 밝혀냈다. 또 그는 이것들이 한번, 동해로 들어오고 나면 다시 되돌아갈 수 없는 운명에 놓인다고 하여, 이 현상을 가리켜 「사멸회유(死滅回遊)」라고 불렀다.

이와 같이 스케일이 큰 얘기 뿐만 아니라, 기어와 진어는 과학의 대상으로서도 여러 가지로 흥미로운 내용을 가졌을 것으로 생각되기에, 여기에 두, 세가지 예를 들어 보기로 한다.

❖ 산갈치

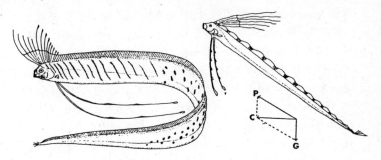

**사진 1** 산갈치의 전체 모습(좌)과 그 유영자세의 예상도(우)

기어·진어의 대표적인 것일 뿐만 아니라, 최근에는 이 물고기가 지진과도 관계가 있다 하여 크게 주목을 끌고 있다. 정말로 지진이 다가오는 조짐을 예지하고 이동하는 것인지 어떤지는 아직 과학적으로 해명된 것은 아니지만, 어쨌든 너무나도 형태가 특수화되어 있어 분류학(分類學)상으로도 위치를 설정하기 곤란한 물고기다. 이 물고기는 정말로 기어라고 부르기에 매우 잘 어울리는 다른 물고기와 함께 투라치류라는 그룹을 형성하고 있다. 모두가 가늘고 긴 체형을 하고 있어 유형동물(紐形動物)이라고 불린다. 그들은 온세계의 외양 중층수역에 분포해 있는 듯하며, 엄밀하게는 심해어라고 말할 수가 없다. 그러나 마치 아귀가 괴이한 형상을 하고 있는데서 심해어로 오인되는 것과 마찬가지로, 이 종도 심해어를 연상하게 하는 것 같다.

이 종에는 외국에서 「청어의 왕」이라는 속칭이 있고, 이것이 속명(屬名)인 *Regalecus*의 어원으로 되어 있을 정도이다. 그러나 우리가 부르는 산갈치라는 이름이 더욱 매력적이라 하겠고, 인어(人魚)전설의 일부가 이 물고기에 연유하고 있는 것도 수긍이 갈 만하다. 이 종으로 현재까지 알려져 있는 가장 큰 개체는 약 10.7m로 추정되고 있어, 물고기 중에서도 최대급에 속하는 종류이다. 게다가 머리와 배 부분에서부터 실모양으로 길게 뻗은 지느러미니 큰 눈망울, 핑크색의 지느러미의 색깔 등, 사람의 눈을 끌기 쉬운 조건을 모조리 갖추고 있다.

그런데, 여기서 금방 의문이 생기는 것은, 그들이 어떤 상태로 생활하고 있을까 하는 점이다. 현재까지는 「바닷속에서는 머리를 위로 하여 비스듬히 체위를 유지하고, 몸 전체에 걸쳐 발달한 등지느러미를 물결치듯이 움직이므로써 생기는 상승력과 비중이 큰 데서 오는 침강(沈降)이 상호작용을 하여 정상체위를 유지한다」는 것이 그들의 전술이라고 생각되고 있다. 형태적인 특징도 이렇게 해석하면 별 무리없이 설명이 될 수 있을 것 같은데, 거대한 몸집과 부족한 유영력이 잘 조화된 그 생활방법에는, 특수화가 진보한 기어・진어들의 교묘한 적응력을 말해 주는 것이라고 하겠다.

### ❖ 금눈돔무리의 치어와 양친을 닮지 않은 새끼

수만 종이나 되는 물고기 중에는 다소 별난 새끼를 낳는 것이 있다고 해서 이상할 것이야 없지만, 이따금씩 우리의 상상을 초월하는 생판 "부모를 닮지 않은 새끼"가 있어 우리를 놀라게 한다. 여기서는 몸집은 작지만 기어・진어로서의 자격을 충분히 갖추고 있는 것을 예로 들기로 한다.

이 치어는 1964년 여름, 우주로켓의 발사로 유명한 미국의 플로리다주 케이프캐나베럴의 동쪽 외양 약 150마일의 수역에서, 동시에 두 개체가 채집되었다. 크기는 약 21.2mm와 15.7mm인 것으로 보아 분명히 치어임에는 틀림없으나, 배지느러미의 형태가 너무나도 달랐기 때문에 특별한 주목을 끌었다. 이

**사진 2** 금눈돔무리의 치어(좌)와 성어(우)

**그림 3** 별난 치어 두 가지

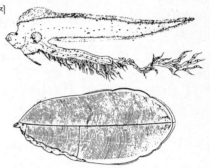

배지느러미가 어떤 역할을 하느냐는 점이 최대 관심사였던 것은 더 말할 나위가 없다.

다행히도 한 마리는 산 채로 채집되었기에, 배 위의 수조 안에 넣어두고 유영행동(遊泳行動)을 관찰할 수 있었다. 이 배지느러미의 기능은 위장을 위한 것이라는 설과, 다른 관해파리나 또는 그 근연종(近緣種)인 것처럼 의태(擬態)를 취함으로써, 잡혀먹히지 않으려 한다는 것이라고 생각되었다. 또 하나는 이 형태가 암컷과 수컷에서 크게 다른데서, 성징(性徵)으로서 사용되는 것이 아닌가 하는 견해도 있었다. 당시에는 그들이 어느 무리에 속하는 것인지 조차도 알지 못해서, 1965년의 보고에서는 이 물고기를 위해 새로이 과[科 : 종·속보다 위의 분류군명(分類群名)으로, 물고기에서 새로운 과가 만들어진다는 것은 매우 드문 일이다]를 마련했을 정도였다.

그런데 그 후의 연구결과는, 신종일 것이라는 부푼 꿈을 무참히도 깨뜨려 버리는 것이었다. 그들은 이미 알려져 있는 금눈돔의 무리 Gibberichthys Pumilus라는 심해어의 치어라고 밝혀졌다. 일본에서는 얼마 전에 이 물고기에 "불가사의어(不可思議魚)"라는 일본이름을 붙였는데, 이 너무나도 부모를 닮지 않은 새끼에 대한 연구자의 느낌이 잘 표현되어 있다. 그러나 다른 물고기의 무리뿐만 아니라, 연구자의 눈까지도 혼란하게 하는 뛰어난 의태에는 자연계의 헤아릴 수 없는 조화(造化)의 묘를 역력히 볼 수 있다.

부모와 자식간의 이런 차이는 때로 변태(變態)라고 부르기에 걸맞는 것이 있다. "부모를 닮지 않은 세계"는 부자(父子)간을 탐색하는 연구에서는 매력적인 소재이며, 물고기의 생활사(生活史)를 연구하는 위에서 영원한 테마가 되기도 한다. 한 개체의 기어·진어에 조종당하는 연구자의 활동이 어류학(魚類學)에 큰 진전을 가져다 준 예는 헤아릴 수 없이 많으며, 그 모습이 크게 다른 만큼 효과도 또한 컸을 것이라는 느낌이 든다.

마지막으로 별난 치어 두 가지를 더 소개하면 그림 3에 보인 것들이 있는데, 이것에 대한 소속은 아직도 자세히는 알지 못하고 있다.

# 23. 독어의 먹이사슬

### ❖ 아름다운 꽃에는 가시가 있다

우리 나라에서는 예로부터 여러 가지 해산물을 식용으로 이용하여 왔다. 그러나 이들 가운데는 독을 가진 것이 있기 때문에 중독(中毒)은 늘 문제거리가 되고 있다. 그 중에서도 가장 유명한 것이 복어에 의한 중독이다. 요즈음도 해마다 적지 않은 사람들이 희생을 당하고 있다.

해산물은 현재도 우리에게는 중요한 단백질원이며, 특히 최근에는 어획수역이 온세계로 넓혀졌기 때문에, 여태까지 구경도, 먹어보지도 못했던 생선이 식탁에 오를 가능성이 많아지고 있다. 당연히 이 중에는 독을 가진 것이 포함될 가능성이 있을 것이므로, 해산자원의 효과적인 이용면에서도 독에 관한 연구가 중요하게 되었다.

세계의 해역 중에서도, 열대와 아열대의 산호초 해역에 서식하는 아름다운 물고기에는 흔히 독을 가진 것이 있어, 그야말로 「아름다운 꽃에는 가시가 있다」는 속담을 연상하게 된다.

### ❖ 씨가테라

산호초 주위에 서식하는 독어에 의한 중독은 보통, 씨가테라(ciguatera)라고 불리는데, 이 기묘한 이름의 유래는 카리브 바다에서 씨가(cigua)라고 불리는 이매패(二枚貝)를 먹었을 때 일어나는 중독과 증상이 닮았기 때문이라고 한다. 씨가테라가 많은 지역은 태평양의 열대·아열대해역, 카리브바다, 인도양 등으로 추정되고 있다. 통상 씨가테라에 의해 목숨을 잃는 일은 거의 없다고 말하지만, 이와 같은 지역에서 씨가테라를 일으키는 물고기의 종류는 매우 많다. 그 때문에 이와 같은 지역

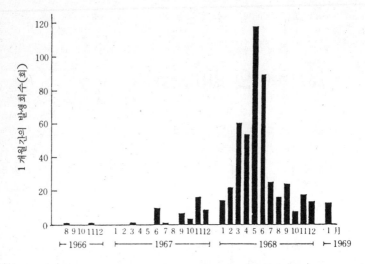

그림 1　Tuamotu 제도의 Hao 환초에서 씨 가테라가 발생한 회수

에 사는 사람들은 모처럼 물고기를 눈 앞에 보면서도, 식용으로 충분히 이용할 수 없다는 모순을 지니고 있다.

　예로부터 씨가테라를 일으키는 물고기의 독성에는 두드러진 지역차와 소장(消長)이 있는 것이 특징이다. 이를테면　어떤 종류의 물고기에서는 섬의 북쪽에서는 독이 없는데도 남쪽에서는 독이 있는 것이 있다. 또　바그니스( Bagnis )라는 사람은 다음과 같은 재미있는 보고를 하고 있다.

　프랑스령 폴리네시아에 있는 투아모투제도의 하오환초(環礁)에서 프랑스의 원자력위원회가 수폭실험의 기지를 만들기 위해, 1965 년부터 몇 군데에서 해안선을 변경하는 등의 공사를 실시했다. 그러자 이 지역에서는 전에는 전혀 씨가테라를 볼 수 없었는데도 불구하고, 그림 1 에서 보인 것과 같이 공사를 실시한 곳에서 1.5 년〜2 년 후에 갑자기 초식성(草食性) 물고기에 의한 씨가테라가 발생했다. 공사를 시작한지 3 년 후가 되자, 육식어에서도 씨가테라가 발생하게 되었는데, 공사가 없었던

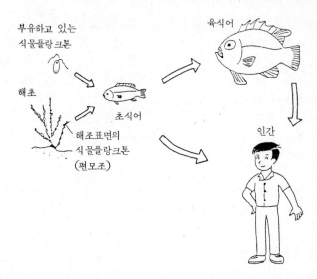

부유하고 있는
식물플랑크톤

육식어

해초

초식어

해조표면의
식물플랑크톤
(편모조)

인간

**그림 2**  먹이사슬에 의해 식물플랑크톤에서부터 인간까지 독이 옮겨가는 경로

환초에서는 전혀 씨가테라가 발생하지 않았다.

일반적으로 초식어(草食魚)는 편모조(鞭毛藻)와 같은 식물플랑크톤이나 해초를 먹고 생활하며, 육식어(肉食魚)는 초식어를 잡아먹고 생활한다. 따라서 편모조와 같은 식물플랑크톤이 공사 등의 영향에 의해 독화(毒化)한다면, 최초에 그것을 잡아먹는 초식어가 독화하고, 얼마 후부터는 육식어도 독화하게 되는 것이다. 위에서 말한 사실은 이와 같은 독어의 독은, 식물플랑크톤에서 유래하는 것이 아닌가 하는 것을 시사하고 있다. 즉 그림 2에 보인 것과 같은 먹이사슬(食物連鎖)에 의해서 일으켜지는 것이 아닐까고 생각되고 있다. 그러면 실제로 이와 같은 먹이사슬에는 어떤 생물이 관여하고 있을까?

이것에 대해서는 일본, 도호쿠(東北) 대학의 야스모토(安元)씨 들의 매우 흥미로운 연구를 소개하겠다.

이들은 폴리네시아에서 독화된 물고기의 소화관의 내용물을

조사하여 대형( 40 ~ 120μm ) 편모조를 발견했다. 이 편모조는
석회조(石灰藻)와 갈색조 나팔목 등과 같은 해초 표면에 빽빽
하게 붙어 있었기 때문에, 이 해초로부터 편모조만 털어내고 모
아서, 다시 모래 등의 불순물을 제거하여 이 편모조를 순화(純
化)한 후에 독을 검정했다. 그 결과 이 편모조가 갖는 독은,
복어독의 50배 이상이나 강력한 것임이 밝혀졌다. 또 이 편모
조로부터 두 가지 독성분이 추출되었는데 이것이 씨가톡신과
마이토톡신이라는 것을 알았다.

이상의 연구로부터 씨가테라를 일으키는 물고기의 독은 이와
같은 편모조에서 유래한다는 것이 분명해진 셈이고, 거기에다
물고기의 독화 정도는 이와 같은 해초 표면의 편모조의 수를
계산하는 것으로서 간단히 추정할 수 있다는 큰 잇점도 생겼다.

### ❖ 독의 먹이사슬

씨가테라가 일어나는 기구는 꽤나 명백해졌지만, 앞으로는 복
어 등과 같은 물고기의 독화가 어떻게 하여 일어나느냐는 것이
매우 흥미로운 점이다. 그것은 천연의 복어는 늘 독을 가지지
만, 양식을 했을 경우에는 독성이 약해지거나 없어져 버리기 때
문이다. 따라서 복어 등에서도 씨가테라의 경우와 마찬가지로,
독은 원래 복어가 가지고 있는 것이 아니라, 편모조와 같은 식
물플랑크톤에서 올 가능성을 생각할 수 있다. 또 편모조의 독
도 원래 편모조 자체가 만드는 것이 아니라, 세균이 만드는 독
이 편모조에 섭취된 것이 아닐까 하는 의문이 있는데 이런 점
은 앞으로 해명되어야 할 일이다. 한편 수폭실험의 기지 조성
공사에서도 보았던 것처럼 독화과정에 인간에 의한 자연파괴에
도 관계되고 있다는 사실이 밝혀짐으로써 하나의 커다란 교훈
을 남겨 놓았다.

# 24. 고래와 돌고래

고래류는 예로부터 인간이 관심을 가졌던 생물이라 할 수 있다. Aristoteles도 이미 기원 전 4세기의 옛날에 고래류, 특히 돌고래에 대한 훌륭한 기술(記述)을 남긴 것을 보아서도 분명한 일이다.

❖ 고래란?

고래류는 모두 수권〔水圈 : 바다와 민물의 호수나 강 및 기수역 (汽水域)〕에 분포해 있는 포유동물의 한 무리로 그 종류는 100종류쯤 된다. 대형종은 일반적으로 흰긴수염고래(백장수경 : 白長鬚鯨)〕라 듯이 이름끝에 「고래(鯨)」를 붙여서 부른다. 이것에 대해 소형인 종류는 "돌고래(해돈 : 海豚)"를 붙여서 부르는 일이 많다. 그러나 소형종에서도 머리부분이 둥글고 주둥이가 없는 종류는 「돌고래」를 붙이지 않는 경우가 있다. 영어에서도 대형종은 whale, 주둥이가 있는 소형종은 dolphin, 주둥이가 없는 고래는 porpoise로 불린다. 영어로 씌어진 해양소설이나 항해기(航海記) 등에 자주 등장하는 만새기는, 금방 낚아 올려졌을 때는 아름다운 몸빛을 하고 있지만, 차츰 일곱가지 색깔로 바뀌어지면서 죽어가는 물고기인데, 영어이름으로는 마찬가지로 dolphin이라고 불린다. 그래서 이것을 돌고래로 잘못 알고 번역한 책들이 많다. 이를테면 「낚아 올려진 돌고래가 일곱가지 색깔로 번쩍이면서 꼼짝도 하지 않게 되었다」는 투의 글을 대하게 된다.

고래는 포유동물이기 때문에 물고기와는 다른 특징이 몇 가지 있다. 우선 공기를 허파로 호흡하기 때문에, 몸 앞쪽 윗부분의 눈 위에 콧구멍이 있다. 고래가 물을 뿜는 현상은, 고래

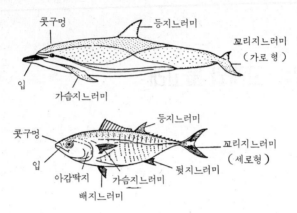

**그림 1** 돌고래와 참다랭이의 몸의 비교

가 수면에 떠올라 호흡할 적에 콧구멍 부근에 고였던 물을, 내쉬는 숨과 함께 뿜어올리는 것이다. 또 기온이 낮은 해역에서는 내 쉬는 숨이 식어서 안개모양으로 되는 것도 이 현상을 식별하기 쉽게 만들고 있다. 그래서 고래가 물을 뿜는 모습을 그린 것을 보면, 흔히 두 줄기로 갈라진 분수처럼 솟아 오르는 모양을 그리고 있다. 그러나 향유고래와 돌고래 등 이빨고래(齒鯨)의 비도(鼻道)는 끝에서 하나로 합쳐져 있어, 구멍이 뚫어진 콧구멍은 하나뿐이다.

그리고 고래류에서는, 그 조상이 육상생활을 하고 있던 무렵의 흔적으로, 체표에 있었던 털이 몸의 일부에 남아있다. 고래의 머리부분에는 종류에 따라서 다르지만 몇 가닥의 체모(體毛)를 볼 수 있다. 또 큰고래 무리에서는 털 주변이 각질화(角質化)되어 혹모양으로 솟아올라 있다.

고래류가 온혈동물이라는 것도 포유동물의 특징의 하나이다. 고래류의 체온은 인류보다 약간 높은 것으로 생각되는데, 물 속에서 서식하기 때문에 신체구조에 두드러지게 적응하여 발달해 있다. 체열이 물 속으로 흩어져 달아나는 것을 막기 위해, 몸의 피부에 두꺼운 지방층이 있고, 이 두꺼운 지방층은 영양분을 지방으로 바꾸어 축적해 두는 장소로도 된다. 피부의 맨 바깥쪽은 각질층으로 덮여 있고 그 밑에 배아층(胚芽層)이 있다. 이 층은 스폰지모양으로 되어 있어 몸 바깥쪽으로부터의 수압을 완화하는 동시, 빠른 속도로 헤엄칠 때 몸 주위에 발생하는 난류(亂流)에 대한 완충작용을 하여 난류의 발생을 막는다고 한다. 이것은 때로 시속 20 km 이상의 속도로 헤엄치는 고래에게는 매우 적합한 신체구조이다.

한편 신체 중에서도 운동기관이 되는 꼬리지느러미와 손이 변화한 가슴지느러미에는 지방층이 거의 없다. 이 부분의 혈관계(血關係)는 한 가닥의 동맥을 수많은 정맥이 둘러싸고, 열교환기(熱交換器)의 기능을 수행하는 구조로 되어 있다. 심장에서 오는 따뜻한 동맥혈은 지방층이 없는 지느러미부분에서 열을 빼앗기기 전에, 지느러미에서 되돌아오는 찬 정맥혈에 열을 건네주어 열의 손실을 막는 구조로 되어 있다.

포유류의 특성의 하나로 새끼고래는 어미고래의 젖을 먹고 자란다. 해수 속에서의 수유(授乳)는, 새끼고래가 입의 앞끝 부분으로 어미 젖꼭지를 물고 매달리는 상태에서 이루어진다는 것이, 수족관에서 사육되는 돌고래에서 관측되었다. 또 새끼고래가 젖을 달라고 보챌 때는, 어미고래의 몸 측면을 주둥이로 쿡쿡 찌르는 것을 볼 수 있다.

### ❖ 고래의 종류

현재 생존하는 고래류는 크게 나누어 수염고래(수경)류와 이빨고래(치경)류로 나뉘어진다. 수염고래류의 주된 것은 10 종류인데, 이 중에는 지구 위에 나타난 가장 큰 동물이라고 하는 흰긴수염고래, 해안 가까이로 다가오는 흑등고래, 쇠고래 등이 포함된다. 범선(帆船)인 모선과 손작살을 사용하는 커터보트인 포경선의 조합에 의한 아메리카식 포경시대에 활발하게 잡혔던 큰고래, 북극고래도 이 속에 들어간다.

흰긴수염고래의 체장은 30 m 가까이나 되는 개체가 보고된 것이 있다. 또 3 0 m를 넘는 고래의 기록도 있지만, 이것은 정

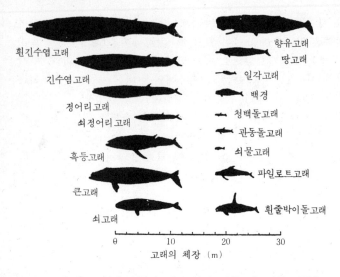

흰긴수염고래

긴수염고래

정어리고래

쇠정어리고래

혹등고래

큰고래

쇠고래

향유고래

땅고래

일각고래

백경

청백돌고래

관동돌고래

쇠물고래

파일로트고래

흰줄박이돌고래

고래의 체장 (m)

**그림 2** 고래의 체장 비교(좌 : 수염고래류, 우 : 이빨고래류)

확성이 없는 것으로 보고 있다. 수염고래류는 일반적으로 암컷
이 크고, 수컷은 같은 나이에서도 약간 작다. 암컷의 살찐 흰
긴수염고래는 체중이 150 t에 달한다. 긴수염고래(장수경)는
체장 23 m에 체중 50 t 정도가 되고, 그 밖의 수염고래류는
보다 작아지지만, 큰고래는 17 m로 비교적 작은 체장인데도
불구하고 체중이 70 t이나 된다. 지방층의 두께도 20 cm를
넘는 매우 살찐 고래이며, 기름의 양도 많아 이것과 닮은 북
극고래와 함께, 아메리카식 포경시대의 주된 어획 대상이었다.
수염고래 가운데서는 소형의 드문 종으로 체장 6 m쯤의 작은 대
경류 고래가 남반구의 오스트레일리아, 뉴질랜드 부근에 분포하
며 이따금 해안에 밀려 올라오기도 한다.

이빨고래의 종류에는 현재 약 90종이 생존하고 있다. 가장
큰 종류는 아메리카식 포경시대에 활발하게 잡혔던 향유고래이
다. 이빨고래는 일반적으로 수염고래와는 달리 암컷보다 수컷

이 크고, 향유고래에서는 대형의 수컷은 체장 18 m, 체중 50 t 정도까지 되는데, 암컷은 13 m 정도밖에 안되며 성 (性) 에 의한 체장의 차가 다른 종류보다 두드러진 종이다.

수염고래는 일단 일부일처 (一夫一妻) 의 형태를 취하는 종류가 많은 것으로 생각되고 있으나, 향유고래는 이른바 하렘(harem) 의 형태를 취하는 경우가 많고, 조사한 바로는 수컷 한 마리에 암컷 15 마리의 비율로 하렘이 형성되는 것이 일반적인 성비 (性比) 라고 한다. 20～40 마리나 되는 암고래떼에는 몇 마리의 수컷이 끼어있고, 또 새끼고래도 거느리고 있다. 이런 무리들 속에서의 사회적인 행동은 아직 충분히 밝혀지고 있지 않으나, 하렘에서 쫓겨난 수컷은 "외톨박이 향유고래" 로 불리며, 남극바다와 북태평양에서는 알류선열도 부근까지도 회유하며, 왕오징어와 대형 저어족 (低魚族 : 가자미 등 ) 등을 잡아먹고 살면서 다시 하렘을 거느리게 될 기회를 노리고 있다.

이빨고래에는 이 밖에도 수족관이나 동물원에서 사육되며 여러 가지 재주를 보여주고 인기있는 반동고래 등이 있고, 북극바다에는 앞쪽으로 비스듬이 2 m 이상이나 튀어나온 윗턱니 (上顎齒) 를 지닌 일각고래 ( unicorn ) 가 있다. 바다의 맹수로 두려워하는 흰줄박이돌고래(흰줄박이물돼지)도 대형 이빨고래의 일종이다. 또 담수역이나 기수역에도 분포해 있는 종류가 있고, 세계의 큰강 즉, 간디스 강 (간디스 강 돌고래 ), 아마존 강 (아마존 강 돌고래), 양자강 (양자 강 돌고래)에는, 각각 체장이 2 m에 달하는 돌고래가 살고 있다. 재미있는 일로, 양자강이나 간디스 강은 강물이 매우 흐리기 때문에 이들 돌고래는 눈이 퇴화해서 작고, 헤엄을 치거나 먹이를 잡거나 할 때는 전적으로 청각에 의지하고 있다고 한다.

세계에서 제일 작은 고래는 아마존 강에 분포하는 난장이돌고래 (체장 1.1 m 정도 )인데, 일본의 연안부, 세도내해 (瀨戸內海) 와 이세만 (伊勢灣)에 분포해 있는 쇠물돼지 (세엿치)도 체장이 1.5 m 정도의 작은 이빨고래이다.

# 25. 고래는 몇 년이나 사는가?

고래의 나이를 알 수 있느냐는 것은 누구나 흥미를 갖는 문제의 하나일 것이다. 흰긴수염고래나 향유고래와 같은 대형고래는 일반적으로 장수를 할 것이라고 생각하기 쉬운데 과연 그럴까? 고래류도 포유류의 한 무리이므로, 우선 포유류의 나이를 어떻게 하여 판정하는가를 생각해 본다면, 그리 쉬운 일이 아니라는 것을 알게 된다.

신문에는 자주 신원 불명의 사람이 사고로 죽은 기사가 실리고, 추정연령 몇 살 정도라고 표현되는 일이 있다. 인간은 호적이 있으므로 나이를 금방 알 수 있지만, 그래도 호적을 참고할 수 없을 때는 추정값 밖에는 얻지 못한다. 야생의 포유동물에서는 그 나이를 가리키는 연령형질(年齡形質)이 온대역 나무의 나이테(年輪)처럼 분명한 예가 적기 때문에 곤란한 예가 많다.

## ❖ 고래류의 연령형질

고래류의 나이에 대한 연구는 꽤나 오래 전부터 있어 왔다. 이것은 고래류의 생물학적·생리학적인 연구를 위해서는 매우 중요한 요소인 동시, 고래류의 자원 동향이나 관리를 위해서도 없어서는 안될 특성치(特性値)이기 때문이다. 고래류 가운데서 포경업의 대상으로 된 것은 적건 많건 회유성(回遊性) 종류이었다. 따라서 어업은 1년 중의 어느 시기에 한정되어 있었다. 그 때문에 1년 또는 일생에 걸쳐지는 자료를 얻기가 곤란했고, 연령형질을 검토하는 위에서 자료를 채집하기 위해서는 어쨌든 잡은 고래에서부터 수집하지 않으면 안되었다.

고래에 대한 몇 가지 연령형질을 들어보면, 우선 몸크기, 뼈의 화골(化骨:연골의 骨化)정도, 체표면의 상처자리, 눈의 수정체의 착색도(着色度), 난소 속의 배란의 흔적(白體라고 부른다) 아래턱뼈와 이빨고래의 이빨에서 볼 수 있는 줄무늬수, 수염고래의 수염판 및 이구전(耳垢栓)에 볼 수 있는 줄무늬가 있다.

수염고래류의 연구 초기에는, 잡은 고래의 체장조성(體長組成)으로부터 그 성장을 추정하는 시도가 취해졌다. 고래류의 개체군 생태학(個體群生態學)에 맨 먼저 손을 댄 영국의 Dis-covery 연구보고에 의하면, 흰긴수염고래는 만 두 살에는 성적(性的)으로 성숙해 있었다. 그러나 제 2 차 세계대전 후, 수염고래의 구강안에 생기는 고래수염에 나타나는 줄무늬로부터 꼭 나무의 나이테와 같이 수염고래의 나이를 보다 정확하게 추정할 수 있게 되었다. 고래수염은 인간의 손톱과 마찬가지로 부단히 성장하고 있는데, 그 영양상태와 육체적 상황, 이를테면 배란이라든가 분만 등의 영향을 받아 두텁거나 엷거나 하는 성장속도에 차이가 생긴다. 이 표면의 줄무늬를 상세히 조사함으로써 5〜6년 이내의 단기간의 나이와 생활상태의 변화를 알 수 있다.

그런데 고래수염은 부단히 성장하지만, 구강을 포함한 몸쪽은 차츰 성장이 더디어지고, 고래수염은 끝이 망그러지기 시작하여 5년 이후의 나이를 사정하기 어렵게 된다. 따라서 현재 고래류의 가장 좋은 연령형질이라고 생각되는 것은, 수염고래에서는 외청도(外聽道)에 고이는 이구전(耳垢栓), 이빨고래에서는 턱에 생기는 이빨로 되어 있다.

❖ 수염고래의 이구전

수염고래류의 귀는 피층(皮層)에서 귓구멍이 막혀 있고, 피층 바깥에서는 약간 우묵한 것으로 밖에는 보이질 않는다. 그러나 안쪽을 해부해 보면 그림 1 에 보인 것과 같이 외청도가 바깥쪽에서 닫혀 있기 때문에 귀에지(耳垢)는 바깥으로 나오지 않고 이도(耳道) 속에 고이게 된다.

수염고래는 여름에는 위도가 높은 해역 (베링 해라든가 남극 해)

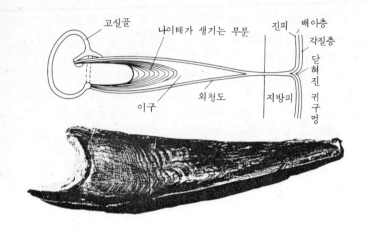

**그림 1** 수염고래의 외청도의 모식도와 이구전(耳垢栓 )

에서 활발하게 먹이를 잡아먹고, 겨울에는 위도가 낮은 따뜻한 바다에서 생식을 하는 회유형(回遊型)을 반복하기 때문에, 계절에 따라서 지방질류를 많이 함유하는 때의, 분비가 왕성한 시기와 적은 시기가 교체됨으로써 귀에지 속에 줄무늬가 생긴다. 이 줄무늬는 마치 나무의 나이테처럼, 1년에 한 개씩 형성되는 것으로 생각되고 있다. 이것은 30 cm 정도의 표지작살 ( 標識銛)을 쏘아넣어 두었던 고래가 잡혔을 때, 이구전의 줄무늬수와 경과한 햇수의 대비 등으로부터 결론이 얻어졌다.

❖ **이빨고래의 연령형질**

한편, 이빨고래에는 수염고래와 같은 이구전은 발달하지 않고, 나이는 전적으로 이빨 속에 나타나는 윤문(輪紋)에 의해서 사정되고 있다. 바다의 포유동물의 이빨도 바깥쪽의 시멘트질과 안쪽의 상아질(象牙質)의 윤문이 있어, 바다표범 ( 海豹)류와 이빨고래류에서는 그 수에 따라 나이를 정하고 있다. 향유고래에서는 아래턱니가 성적으로 성숙할 무렵부터 드러나는데, 동시에 앞끝에서부터 망그러지기 시작하기 때문에, 얼마동안을 지

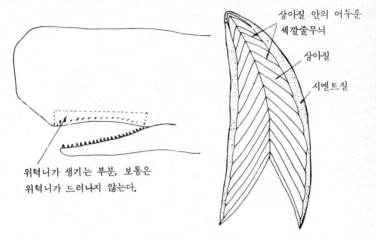

**상아질 안의 어두운 색깔줄무늬**

**상아질**

**시멘트질**

위턱니가 생기는 부분, 보통은 위턱니가 드러나지 않는다.

**그림 2**  이빨고래(향유고래)의 위턱니의 위치와 이빨의 모식도

나면 나이를 판정할 수 없게 된다. 이것에 대해 위턱니는 기능적이 아니며, 늙은 고래가 되더라도 겨우 이빨끝이 드러나는 흔적치(痕跡齒)로서 머물러 있다. 이 이빨 외에도 아래턱뼈의 횡단면에서 볼 수 있는 윤문도 10살 정도까지는 연령형질로서 사용된다. 돌고래류에서는 이빨끝이 마모되지 않는 종도 많아, 그대로 횡단면에서 볼 수 있는 윤문을 계산하여 나이를 사정하고 있다.

### ❖ 고래는 몇 살까지 사는가?

이와 같은 연령형질에 의해 고래류는 상당히 긴 기간을 생존한다는 것을 알게 되었다. 수염고래류에서 가장 좋은 자료는, 긴수염고래에 대해서 얻어지고 있다. 이구전 속에 지방질류를 함유하는 황갈색층이 여름에, 암갈색층이 겨울에 형성되기 때문에, 어느 줄무늬 하나가 1년에 해당한다. 자료로부터 긴수염고래는 수정 후 1년이 못되어 출산하고, 생후 6〜10년에서 성적으로 성숙하고, 60년 이상을 산다는 것이 밝혀지고 있다.

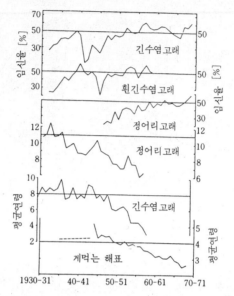

**그림 3**　남극바다에 있어서의 고래류와 바다표범의 임신율, 성적
성숙연령 의 변화

　출생 때의 체장은 약 6 m이고, 20 m쯤에서 성적으로 성숙
하여 (남반구의 고래에서는), 30 살쯤이 되면 육체적 성숙에 도달
하여 몸의 성숙이 멎는다. 이 때의 크기는, 큰 개체에서는 23
m에 이른다. 가장 오래 산 것으로 생각되는 고래는 60살 이
상으로 추정되며, 이구전의 줄무늬수로부터는 100살이라고 생
각되는 긴수염고래도 있다. 표지작살을 쏘아넣고 27년 후에 잡
힌 긴수염고래도 있는데, 직접적으로도 꽤나 장수하는 생물이
라는 것을 알았다.

　향유고래는 임신기간이 길어 수정 후 약 16개월이 지나서야
4 m쯤의 새끼고래를 출산한다. 암컷은 9년이면 성숙하는데,
이 때의 체장은 9 m에 조금 못미친다. 수컷에서는 정소(精巢)
안에 정자가 형성되기 시작하는 것은 암컷과 거의 같은 체장이

지만, 일부다처 (一夫多妻)인 향유고래에서는 수컷이 생식에 참가하는 사회적 성숙연령이 높아 25～27년이 걸리는 듯하다. 최고 연령은 약 80년이고 수컷에서 16 m, 암컷에서 11 m 정도가 된다.

### ❖ 고래류의 자원과 성적 성숙연령의 변화

고래류의 자원은 남극바다를 비롯한 포경업에 의해서, 초기에 비교하면 그 자원상태가 상당히 나빠진 종류가 있으며, 이 때문에 먹이의 상대적인 양적 변화에 의한 성적 성숙연령에도 변화가 인정된다. 남극바다에서는 수염고래의 감소로 남아돌게 된 먹이( 남극 크릴)가 바다표범류 (특히 게먹는류)와 펭귄류의 개체수의 증가로 이어졌다는 것이 지적되고 있다. 또 긴수염고래와 정어리고래의 임신율의 증가와 더불어 평균적인 성숙연령이 꽤나 젊어지고 있는 것에도 연관되고 있는 듯하다.

긴수염고래에서는 1940년경에 8년에서 성숙한 것이 1960년에는 5～4년이 되었고, 긴수염고래에서는 1950 년경에는 4살에서 성적으로 성숙했던 것이 1970 년에는 3살에 성숙하게 되었다. 이것은 개체수의 감소에 따라 남극 해에 있어서의 먹이의 배분과 변동, 종간·개체간의 상호작용의 변화에 기인하는 것이라고 생각된다.

# 26. 고래는 무엇을 먹는가?

고래는 지구 위에 나타난 가장 큰 동물로서 흰긴수염고래는 체장이 30 m에 가깝고, 체중은 150 t을 훨씬 웃도는 예가 있다. 이와 같이 큰 동물이 지구 위에서 생존할 수 있게 된 것은, 물 속에서 생활하기 때문에 큰 몸을 다리로 지탱할 필요가 없다는 것과 생존에 필요한 먹이를 얻을 수 있었다는 것이 큰 이유일 것이다. 만약에 다른 포유동물처럼 네 다리로 몸을 지탱해야 한다면, 지구 위의 토질로 보아서 과연 150 t이나 되는 중량을 다리만으로 지탱할 수 있을는지 어떨지, 또 먹이로서 필요한 양의 생물이 확보되었을는지도 매우 의문이다.

❖ 수염고래의 식사

고래류의 먹이는 이빨고래류(齒鯨類)와 수염고래류(鬚鯨類)에서는 종류가 다르고, 또 그 먹이를 섭취하는 방법도 기본적으로 틀린다. 수염고래류는 입천장의 윗부분 양쪽에 그림 1에 보인 것과 같이, 각질(角質)의 고래수염이라 불리는 먹이의 여과장치가 있다. 수염고래 중에서도 큰고래과에 속하는 큰고래와 북극고래에서는, 고래수염이 매우 길어 최대 3 m에 달하고, 또 수염이 늘어선 줄 안쪽에는 지름 1 mm의 가느다란 자모(刺毛)가 엉켜 있어, 미세한 먹이(체장 2 mm 정도의 칼라누스 : *Ca-lanus* 라고 불리는 갑각류 동물플랑크톤까지도)를 걸러내는 바구니로도 될 수 있다. 아래턱 부분에는 이랑이 없고, 혀도 딱딱하며, 물 속을 큰 입을 벌이고 헤엄치며, 연속적으로 물에서 먹이를 걸러내어 먹는다. 이 방법이라면 물 속의 먹이 밀도가 낮을 경우라도 먹이를 취할 수가 있다.

이것에 대해 긴수염고래과의 수염고래인 흰긴수염고래나 긴수

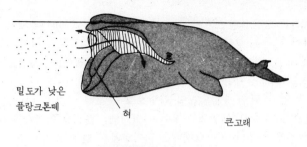

밀도가 낮은
플랑크톤떼

혀

큰고래

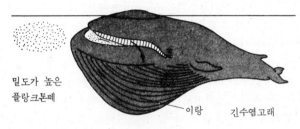

밀도가 높은
플랑크톤떼

이랑

긴수염고래

**그림 1** 큰고래와 긴수염고래의 먹이를 취하는 방법의 차이
(큰고래의 딱딱한 혀와 긴수염고래의 벌은 이랑과 그 속에 있는
연한 혀바닥에 주의할 것)

염고래에서는, 고래수염이 비교적 짧고 또 고래수염 안쪽의 먹
이를 걸러내는 부분의 털이 거칠어서, 큰고래 등에 비교하면
훨씬 대형 먹이를 해수에서 걸러낼 수가 있다. 또 이 흰긴수염
고래와 긴수염고래에는, 입 아래쪽에서 복부에 걸쳐 이랑이라
고 불리는 특수한 구조가 있다. 이 부분은 흔히 "고래 베이컨"
이라고 불리는 가공식품으로 되는 곳인데, 커다란 입을 벌려 해
수와 함께 먹이를 삼켜들일 때에 구강 안의 용적을 확대하는
기능을 지니고 있다. 이 때문에 긴수염고래과의 수염고래는 빽
빽한 먹이떼를 물과 함께 삼켜들어, 입을 닫으면서 위턱과 아
래턱 사이로부터 고래수염 사이를 통해서 먹이를 걸러내는 방
법으로, 그들이 필요한 양의 먹이를 획득한다.

이 방법으로 한번에 구강 속으로 삼켜들이는 물의 양은 수 $m^3$
에서 10수 $m^3$ 정도가 되므로, 긴수염고래과의 수염고래가 포

식하는 동물플랑크톤은, 크릴류나 그 밖에도 바닷속에서 빽빽한 집단을 형성하고 있을 필요가 있으며, 보통 적어도 1 m³당 수백 g에서 수 kg에 달하는 군집단(群集團)을 잡아먹고 있는 것으로 생각된다.

먹이가 되는 플랑크톤이 다량으로 분포해 있다고 하더라도, 만약 그것들이 사방으로 흩어져 있다면, 필요한 먹이를 취하는 데 필요한 에너지와 잡아먹은 먹이로부터 얻는 에너지가 균형을 이루지 못하여, 전체적으로는 영양가가 있는 수프 속에서 굶어 죽는 결과가 된다. 수염고래의 먹이터가 되는 남극 해와 북태평양의 바다에서는, 군데군데에 이들 고래먹이가 빽빽한 집단을 형성하여 빨갛게 수면에 떠 있는 것을 볼 수 있다. 혹등고래와 긴수염고래는 이 집단 주변을 헤엄쳐 다니며 가슴지느러미와 꼬리지느러미로 해면을 두들기거나, 콧구멍에서 기포(氣泡)를 뿜어내거나 하여, 플랑크톤의 집단을 한층 빽빽하게 만든 다음, 큰 입을 벌여서 단숨에 삼켜들이는 일도 있다.

일반적으로 고래류가 하루에 먹는 먹이량은, 그 체중에 대한 심장의 중량의 비율에 가깝다는 것이 여태까지의 연구에서 밝혀져 있다. 수염고래류의 심장의 중량은 체중의 약 4%이므로, 체중 100 t의 흰긴수염고래에서는 4 t, 체중 50 t의 긴수염고래는 2 t의 동물플랑크톤을 날마다 소비하는 것이 된다. 남극바다의 수염고래류는 여름철에 약 100일 이상에 걸쳐서 먹이를 잡아먹는데, 이 기간에 수 100 t의 남극 크릴을 주로 하는 플랑크톤을 잡아먹고, 통통하게 살이 쪄서 다시 북쪽 바다로 되돌아 간다.

수염고래류 가운데는 물고기를 잡아먹는 종류, 이를테면 쇠정어리고래 등도 있지만, 포식하는 물고기는 역시 빽빽한 어군을 형성하는 것, 주로 식물플랑크톤을 잡아먹는 멸치라든가 소형 고등어처럼 낮은 영양단계의 그룹을 먹이로 한다. 이와 같이 해양에 대량으로 분포하는 낮은 차원의 생산자를 주된 먹이로 택한 것이, 수염고래의 거대한 몸집에도 불구하고 필요한 먹이가 확보되는 이유일 것이다.

### ❖ 이빨고래의 식사

한편, 이빨고래의 먹이는 수염고래의 먹이와는 전혀 다르다. 우선 이빨고래류에는 먹이를 잡는 기관(器官)으로서의 고래수염이 없다. 그 대신 이빨이 있는데 이 이빨은 종류에 따라서 수와 생기는 방법, 형태가 꽤나 다르게 되어 있다. 일반적으로 돌고래라고 불리는 무리는 가늘고 긴 위턱과 아래턱에 각각 기능적인 이빨이 돋아 있고, 먹이로서는 물고기류와 오징어류, 새우류를 잡아먹는다. 여러분은 수족관이나 마린랜드의 돌고래가, 입에 물려준 물고기를 다시 고쳐 물고서, 머리서부터 통채로 삼켜 버리는 것을 본 적이 있을 것이다. 향유고래의 위턱에는 그저 흔적만의 이빨밖에 없고, 기능적인 이빨은 아래턱에만 있다.

향유고래나 땅고래와 같은 대형 이빨고래의 주된 먹이는 심해종의 오징어류이다. 향유고래의 머리부분에는 먹이를 잡다가 격투를 한 대형 오징어류의 빨판(吸盤) 자국이 남아있는 일이 있다. 또 밥통(胃) 속으로부터는 수백을 헤아리는 오징어류의 구기(口器)「오연(烏鳶)」이라고 불리는 것이 나온다. 이 구기의 크기로부터 수m에 달하는 대형 오징어류가 향유고래에게 잡아먹히고 있다는 사실이 분명하다.

해양에서의 오징어류는, 다른 동물, 어류, 갑각류를 주로 먹이로 삼고 있지만, 또 흔히 서로끼리 잡아먹기도 한다. 영양단계로서는 3차, 4차 이상의 높은 식위치(食位置)에 있는데, 그 분포량은 외양의 심해역에 있어서도 매우 많은 생물군으로 생각된다. 이것이 이빨고래류의 생활을 지탱하고 있는 셈이다.

향유고래는 이 밖에도 저서성(底棲性)인 대형 어류와 심해어도 잡아먹는다. 위 속에는 때로 해저의 암석과 모래가 발견되고 야자열매가 나오는 수도 있다. 돌은 아마 심해저에서 저서생물을 포식할 때 함께 삼켜 들였을 것이고, 야자열매는 바다 표면에 떠 있는 것도 때로는 삼켜들이고 있다는 것을 가리키고 있다.

극히 드물게는 향유고래의 아래턱이 롤빵처럼 돌돌 말려서 아래턱으로서의 기능을 전혀 잃어버린 듯이 보이는 개체도 있다. 이런 아래턱으로 어떻게 하여 먹이인 오징어를 잡아먹는지 알 수 없으나, 보통의 성장상태를 보이고 있는 점으로 보아서는 먹이를 잡을 때 특별히 부자유했으리라고는 생각되지 않는다.

### ❖ 바다의 맹수 흰줄박이돌고래의 식사

향유고래 다음으로 큰 이빨고래 중에는 "바다의 라이온"이라고도 할 흰줄박이돌고래가 있다. 흰줄박이돌고래는 몇몇 수족관에서 사육되며, 갖가지 재주를 부리기도 하여 오명을 많이 씻어주고 있기는 하지만, 해양의 자연계에서는 가장 거칠고 사나운 고래이다.

아래위 양 턱에 한쪽에 약 12개의 원추형을 한 크고 뾰족한 이빨이 있어 이것으로 먹이인 생물을 물거나 찢거나 하는 것으로 생각되고 있다. 사실, 조사한 바에 따르면 흰줄박이돌고래는 매우 탐욕스러워서 밥통 속이 비어 있는 개체는 전체의 5%에 불과했다는 결과가 있다. 먹을 수 있는 것이라면 무엇이건 닥치는대로 잡아먹는 듯하며 물고기류, 오징어류뿐만 아니라 큰 돌고래류와 바다표범류가 위 속에서 많이 발견된다. 물고기류에서도 대구와 참다랭이, 가다랭이, 넙치 등 대형의 것이 많고 부어(浮魚), 저어(低魚)의 구별없이 잡아먹고 있는 경우가 있다. 돌고래는 거의 대부분의 종이 포식 대상으로 되는데 정어리고래와 땅고래가 흰줄박이돌고래떼의 공격을 받고 있는 것이 포경선의 선원에 의해서 자주 관찰되고 있다.

흰줄박이돌고래가 나타나면, 그 부근 일대의 고래가 모두 도망쳐 버린다는 것은, 포경이 활발했던 시절에는 널리 전해졌던 이야기다. 남극바다에서는 얼음판 위에 앉아있던 6마리의 게먹는 고래류가, 5마리의 흰줄박이돌고래떼에 공격을 당했는데, 마지막에는 큰놈 한 마리가 얼음판 위로 뛰어올라 이것을 뒤집어 놓자, 아차할 순간에 흰줄박이돌고래들이 달려들어 게먹는 고래들을 모조리 통채로 집어삼켜 버렸다는 처참한 광경 ( 적어도, 이 중의 한 마리는 두 마리의 바다표범을 잡아먹었다 ? )이, 고래연구자에 의해서 목격된 일도 있다. 또 덴마크의 고래연구자  에시리히 트( Eschricht )의 오래된 보고에 따르면, 대서양의 체장  7 m 의 흰줄박이돌고래의 밥통에서 13 마리의 돌고래류와 14 마리의 바다표범류를 그것도 매우 짧은 기간에 잡아먹은 증거 ( 뼈 등 ) 가 발견된 예가 있어, 자주 예증 ( 例證 )으로서 인용되고 있다.

# 27. 해상·강치·해우

고래는 바다에서 나는 대형 포유동물인데, 일본에서는 멧돼지를 가리켜 산고래(山鯨)라고 부르기도 한다. 그렇다면 뭍에 사는 동물에다 비유한 이름이 붙여진 바다에서 사는 동물로 해상(海象), 해려(海驢:강치), 해우(海牛)라고 불리는 동물은 각각 어떤 것일까?

해상은 코끼리해표, 강치는 바다사자나 해상, 해우는 듀공에 가까운 것으로 모두 고래와 같은 해산 포유동물이다.

### ❖ 해상

해상은 포유동물의 식육목(食肉目) 바다표범과에 딸린 바다짐승이다. 해상은 북극바다를 중심으로 한 종류가 서식하고 있지만, 코끼리해표라 불리는 바다표범은 북반구의 북코끼리해표와 남반구의 남코끼리해표의 두 종류가 있다. 해상은 두 개의 큰 엄니를 가졌고, 대형 바다코끼리의 수컷은 코가 축 늘어져 있다. 즉 큰 엄니는 해상이 코끼리를 닮았고, 코는 바다코끼리가 코끼리를 연상하게 한다.

해상은 북극을 둘러싸고 있는 북극바다의 얼음 언저리에 분포하는 대형 바다짐승으로, 대형인 수컷은 체장 3.5m, 체중 3t이나 되는 것이 있다고 한다. 북극바다 연안과 떠 있는 얼음 위에서 살고 있는데, 겨울이 되면 베링 해와 대서양쪽의 하드슨만에도 나타난다. 이따금 길을 잘못 들어 남쪽 해역, 일본의 홋카이도(北海道)와 아오모리현(青森縣) 외양까지 남하했다가 잡혔다는 기록이 있다.

암컷도 역시 짧기는 하지만 엄니를 가졌고, 이 엄니를 사용하여 북극바다의 모래진흙질 바닥에서 이매패(二枚貝)를 파내

그림 1   해상(위)과   남코끼리해표(아래)

어 잡아먹고 있다. 북극바다는 해수가 녹는 짧은 여름철에 대
량의 식물플랑크톤, 해빙(海氷) 밑면에 달라붙은 해조류가 번
식하여, 이것이 해저에 퇴적해서 조개류 등 저서생물의   좋은
먹이가 된다. 북극바다에는 식물성 플랑크톤이 적으므로, 바다
의 제 1 차 생산의 대부분이 저서생물에 의해 이용된다고 할 수
있다. 새끼는 그 엄니가 나서 충분히 자라 진흙탕을 팔 수  있

그림 **2** 바다사자 (해마)

게 될 때까지의 2년 동안을 젖을 먹고 산다.

남극 해의 사우스죠지아섬과 그 밖의 섬에 사는 남코끼리해
표는 대형인 수컷은 체장 6.5 m, 체중 3.5 t에 달하며, 기각
류(鰭脚類)에서는 제일 큰 바다짐승이다. 이것과 아주 닮은 종
을 북반구 동부태평양의 남캘리포니아에서부터 멕시코의 바하
캘리포니아 외양의 섬 들에서 볼 수 있다.

❖ 강치

강치는 "해려" 또는 바다사자를 가리킨다. 일본에서는 이
것을 해마(海馬)라고 부르는데, 이것은 물고기류의 실고기과
에 딸린 우리말의 해마와 혼동되기 쉽다. 해상은 앞에서 설명
했으나, 바다사자는 북태평양에 분포하는 대형의 바다짐승으로,
일본 연안에서는 산리쿠(三陸) 연안 이북 또는 알류샨열도에서
알라스카만에 걸쳐 분포하며 주로 물고기류를 잡아먹는다. 겨
울철에는 우리 나라 동해안에 나타나기도 하는데, 바다사자가
나타나면 물고기가 가까이 오지 않아 어부들이 꺼린다고 하며,
그 울음소리는 사자를 닮았다.

❖ 해우

해우는 마찬가지로 포유동물이지만 해우목 해우과에 속하고

**그림 3**  듀공(해우의 한 종류)

식육목의 바다표범의 무리와는 다르다. 해우는 매너티(mana-tee)라고 불리며, 미국 동해안의 플로리다주에서 연안을 따라 브라질 북부에까지 분포해 있고, 서아프리카에도 가까운 종류가 살고 있다. 듀공(dugong)도 해우의 무리이지만 달리  듀공과에 속한다. 듀공은 태평양, 인도양의 열대해역 연안에도 서식하고 있다.

해우와 듀공도 앞발이 지느러미모양을 하고 있고,  팔꿈치가 고래와는 달리 자유로이 움직이기 때문에, 새끼를 품에 껴안는 듯한 형태를 유지할 수 있다. 인어(人魚)가 듀공이나  해우에서부터 상상되었으리라는 까닭도 바로 여기에 있다.

해우는 큰 강이나 후미, 얕은 바다에서 주로 수중생물을  잡아먹는다. 듀공도 연안역에서 해초를 먹고 생활하는 온순한 동물이다. 이 무리 중에서 제일 큰 스텔라(Steller)해우는,  일찌기 베링 해의 코만드로스키제도를 중심으로 매우 많이 서식하고 있었는데,  바다표범과 해달(海獺 : 바다족제비)의 가죽과 고기를 탐하는 사냥꾼에 의해 잡혀져서 1800년 경에는 씨가 말라 버렸다. 현재도 베링 해의 시베리아쪽에서 그것인 듯한 바다짐승을 보았다는 뉴스가 이따금씩 있지만 확인되지는 않았다. 한 개체의 완전한 골격이 미국 하버드대학의 비교동물학교실의 박물관에 있고 또 다른 미국 박물관에도 있으며, 7.5m되는 개체의 뼈가 소련의 레닌그라드박물관에도 있다고 한다.

# 28. 바다에 사는 세균들

### ❖ 바다에도 세균이 있다

「바다에도 세균(박테리아)이 있다」고 말하면, 「정말이냐?」고 되묻는 사람도 있고, 「당연하지!」하는 반응을 보이는 사람도 있다. 그러나 「당연하다」고 대답하는 사람도, 항구의 암벽 밑에서 채취한 한 컵의 물 속에 수억의 세균이 득실거리고 있다고 들으면 역시 놀라기 마련이다.

바다에는 어디에건 세균이 있다. 특히 세균이 많은 곳은 해저에 고인 퇴적물 속, 간사지의 모래진흙탕, 해안의 바위 표면의 더러운 곳이나 거기에 나와 있는 해초, 물고기와 조개, 플랑크톤 등 바다에 살고 있는 동물의 체표(體表)와 소화관 속 등이다. 이를테면 바닷속에서 헤엄치고 있는 물고기의 표피 등에도, 외관상으로는 아름다와 보여도 세균에게는 썩 좋은 주거이다. 거기에는 1 cm² 당 10만 단위로서 헤아릴 수 있는 세균을 찾아 볼 수 있는 것이 보통이다.

세균은 모두 하나의 세포로써 이루어지므로 그것이 취할 수 있는 형태에는 한계가 있다. 바다의 세균도 드물게는 복잡한 형태를 한 것이 있지만, 대부분은 구형(球形)이거나 짤막한 소시지같은 형태를 하고 있다. 때로는 그것이 만곡(灣曲)된 것도 있고, 어떤 것은 거기에 자루가 달린 것도 있다. 바닷속에 살고 있는 세균이라고 해서, 모두가 다 헤엄을 칠 수 있는 것은 아니며, 헤엄을 칠 수 있는 세균은 그것을 위한 "편모(鞭毛)"라는 가늘고 긴 운동기관을 가지고 있다(사진 1).

### ❖ 많은 재주를 지닌 세균

형태만을 보아서는 비교적 종류가 적은 듯이 생각되는 세균

사진 1
비브리오 속 세균과
그 편모

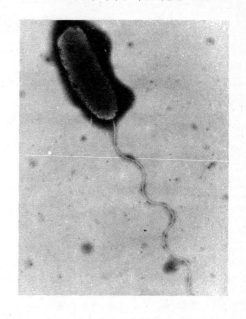

　도, 그 성질이나 기능을 조사해 보면 실로 가지 각색이다.　오히려 세균세계의 특성은 그 주민들의 성질과 능력의 다양성에 있다고도 말할 수 있다.

　우선 먹이에 대해 말하자면, 대부분의 세균은 우리　동물과 마찬가지로 유기물(有機物)을 섭취하여 영양으로 삼고 있는데, 그 중에는 식물처럼 태양에너지를 사용하여 유기물을　만드는 것이 있다. 따뜻한 외양(外洋)의 표면에는 남조(藍藻)라고 불리는 세균이 있어, 보통 식물과 꼭같이 무기염류와 이산화탄소로부터 유기물을 만들고, 몸 밖으로 산소를 뱉아내고 있다. 한편 연안 해저의 진흙탕이나 해수 속에는, 다른 종류의　광합성 (光合性) 박테리아가 서식하고 있다. 이쪽은 남조와는 달리 산소를 싫어하며, 일광 에너지를 사용하여 유기물을 만들면서 동시에 주위에 있는 황화수소를 섭취해서 황으로 바꾸는 별난 성질을 지니고 있다.

하기는 황화수소를 이용하는 것은 광합성 세균만이 아니다. 연안 해수 속에 많은 황산화세균이라 불리는 세균의 무리는 황화수소를 몸 속에 섭취하여 그것을 연소시켜 얻어지는 에너지를 이용해서 이산화탄소를 동화(同化)하고, 유기물을 만들고 있다.

한편, 이와 같은 세균들이 이용하는 황화수소 자체도, 또 다른 세균에 의해 만들어진다. 유기물이 많은 해저 퇴적물 속에는, 황산염 환원세균이라는 어려운 이름의 세균이 서식하고 있으며, 그들은 주위의 유기물을 섭취해서 동화할 때에, 해수 속의 황산염을 황화수소로 바꾸고 있다.

### ❖ 어떤 유기물이건

위에서 바다의 세균 대부분이 유기물을 잡아먹고 있다고 말했다. 그러나 한 말로 유기물을 잡아먹는다고 해도, 세균의 종류가 다르면 저마다가 좋아하는 유기물의 종류도 다르다.

바다에 있는 물고기와 동물플랑크톤은, 죽으면 금방 세균에 의해 분해되는데, 그들 세균은 당연한 일로 단백질, 핵산, 아미노산, 지방 등을 좋아하는 것 같다. 또 이것에 대해 해조(海藻)나 식물플랑크톤의 분해에 관여하는 세균은 탄수화물을 좋아하고, 그 중에는 동물은 물론 다른 대부분의 세균도 분해하지 못하는, 한천과 알긴산 등 해조에 함유되어 있는 튼튼한 다당류(多糖類)를 분해하는 것이 있다.

게와 새우, 또 대부분의 플랑크톤의 체표에 딱딱하고 튼튼한 껍질(甲殼)을 만들고 있는 키틴질도, 동물은 전혀 소화할 수 없지만, 세균 중에는 이것을 분해해서 자신의 영양으로 삼는 것이 있다. 만약에 이런 세균이 없었더라면, 긴 세월동안에 바다밑은 키틴질의 산더미로 메워졌을 것이다.

뭍에서 멀리 떨어진 외양에서는, 세균이 이용할 수 있을 만한 유기물이 매우 적다. 그런 곳에서는 저영양세균(低榮養細菌)이라 불리는 세균이 있는데, 그들은 때로 증류수보다도 묽은 해수의 수프를 빨아들이면서 근근히 살아가고 있다.

세균들이 작용하는 것은 바다의 식물과 동물이 만드는 유기
물만이 아니다. 이를테면 주로 인간에 의한 활동의 결과로 바
다로 흘러드는 석유, 합성세제, 농약같은 것도 또한 세균의 활
동대상이 된다. 세균은 이런 것을 섭취하여 영양으로 하거나
그 형태를 바꾸거나 한다.

바다 세균의 다재, 다능한 능력에 대한 이야기를 하자면 끝
이 없겠지만, 어쨌든 이와 같이 대충 생각할 수 있을 만한 것
은 거의 모조리 자신의 몸으로 섭취하여 자유로이 그 형태를 바
꾸어 버리는 능력은 세균에만 있는 고유의 것이다. 세균이야
말로 바다의 화학자라고 할만 하다.

# 29. 세균을 부려먹는 해면

「해면(海綿)의 몸을 조사해 본즉, 해면 자신의 세포는 신체 용적의 20% 정도밖에 안되는 데도, 몸 속에 기생하는 세균은 용적으로 쳐서 40%에나 이르고 있다」는 충격적인 보고가 오스트레일리아의 해양미생물학자 윌킨슨(Wilkinson)에 의해 나와 있다.

외부로부터의 침입자인 대량의 세균에게 신체의 대부분을 점령당하고서도 해면의 생활에는 아무런 지장이 없는 것일까? 누구나 다 그렇게 생각하지만, 사실은 생활에 지장을 주기는 커녕, 해면은 도리어 체내에 살게 하고 있는 세균들을 자신을 위해 부지런히 부려먹고 있다는 것을 알게 되었다.

해면(sponge)이라고 하지만, 요즈음은 플라스틱제품의 스폰지에 밀려나 진짜 해면은 그리 쉽게 볼 수 없으나, 전에는 화장용 등의 이용품으로서 일반 가정에도 흔하게 있었다. 이 진짜 스폰지는 목욕해면이라는 해면동물의 골격이다.

바다에 있는 해면의 종류는 약 5,000종이라고 말하듯이, 해면은 바다의 대표적인 동물의 하나이다. 특히 아열대, 열대의 따뜻한 바다에서는 산호와 함께 수많은 해면이 얕은 해저의 아름다운 경치를 만들고 있다. 종류가 많은 만큼 그 형태도 갖가지여서 선인장같은 것, 항아리를 끌어모은 것 같은 것, 고목의 나뭇가지 같은 것 등 여러 가지이다.

공통적인 것은 어느 것이나 다 원시적인 신체조직을 가졌다는 점으로, 세포의 종류도 기본적으로는 "아메바모양 세포"와 "깃세포(choanocyte)"의 두 가지 밖에 없다. 그림 1에서 보는 것과 같이, 몸 속에 물을 통과시키는 통로가 있고, 위층

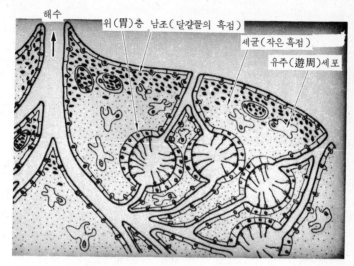

그림 1   해면의 몸 속의 남조와 세균

(胃層)의 깃세포의 편모에 의해 물의 흐름을 만들어, 해수를 통과시켜 그 속의 먹이가 되는 미생물 등을 걸러내어 몸 속으로 섭취한다. 그 여과효율이 매우 높아서 미소한 세균 등도 90% 이상이 잡혀버린다고 한다.

해면의 몸 속에 남조(藍藻)와 그 밖의 세균이 기생하고 있다는 것은, 이미 1930년대에 몇몇 생물학자가 주목하고 있었다. 그러나 그런 미생물이 해면 속에서 어떤 생활을 영위하고 있는가에 대해서는 밝혀내지 못했었다. 해면의 몸 속의 미생물의 정체와 역할이 밝혀진 것은, 앞에서 말한 윌킨슨들에 의해 1977년경부터 시작된 일련의 연구에 의한 결과이다.

❖ 해면과 남조세균

윌킨슨 들의 연구에 의하면, 해면의 몸 속에는 남조와 보통 박테리아라고 말하는 크게 나누어 두 그룹의 미생물이 공생(共生)하고 있다(그림 1의 큰 달걀형 검은점이 남조이고, 작은 검은점이

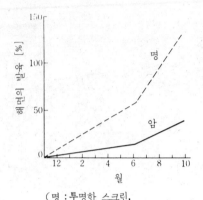

( 명 : 투명한 스크린,

암 : 검은 스크린을 씌웠다 )

**그림 2** 수심 5m에 둔 해면의 발육

보통 세균). 하기는 해면 속에 있는 이들 미생물의 수와 두 그
룹의 비율은, 해면의 종류에 따라 또 하나하나의 개체에 따라
서도 크게 다른 듯하다.

남조는 그 이름이 가리키듯이 전에는 조류(藻類)에 포함되어
있었는데, 다른 조류보다 훨씬 원시적인 신체구조를 가진 데서,
현재는 세균과 함께 다루어지고 있으며 cyano 균으로 불리는
일도 있다.

남조가 다른 세균과 틀리는 점은, 보통의 식물과 같은 형식
의 광합성을 하는 능력을 지녔다는 점이다. 즉 남조는 태양에
너지를 이용하여 무기염류와 이산화탄소로부터 유기물을 만들
고, 동시에 산소를 바깥으로 뱉아낸다. 그 남조가 해면 속에
다량으로 서식하고 있다는 것은, 남조가 만들어내는 유기물을
동물인 해면이 이용하고 있는 것이 아닌가 하고 상상하게 한다.
이같은 추측을 확인하기 위해 윌킨슨들은 해면을 잘게 뜯은 것
을 많이 만들어, 산호초의 얕은 해저, 밝은 햇빛이 비치는 곳
과 어두운 곳에다 각각 두고, 그것들의 성장을 기록했다. 그
결과에 따르면 그림 2와 같이, 태양빛이 잘 닿는 곳에 두어진

해면의 성장은, 어두운 곳에 두어진 것보다 훨씬 빠르다는 것을 알았다.

이와 같은 일련의 실험으로부터 윌킨슨들은, 해면 몸 속의 남조는 광합성과 거기에다 기체인 질소의 동화(同化)라고 하는 두 가지 기능을 통해서, 숙주인 해면에게 영양을 공급하고 있다는 결론을 내렸다.

❖ 그 밖의 세균의 역할

해면의 몸 속에는 남조 이외의 보통의 세균도, 수로 말하면 남조보다 훨씬 더 많이 살고 있다. 이와 같은 세균은 해면의 생활과 어떤 관계를 지니고 있을까? 이것에 대해서는 아직 실험을 통한 증명이 없지만, 일단은 다음과 같은 가능성을 생각할 수 있다.

우선, 해면은 특히 대형의 것이 되면, 해수를 빨아들여서는 뱉아내는 운동을, 때로는 며칠간이나 쉬는 일이 있다. 이럴 때는 세포로부터 배설되는 암모니아 등의 노폐물이 해면의 몸 속에 축적된다. 그 처리를 세균이 떠맡고 있을른지도 모른다. 또 해면 몸 속의 세균에는 딱딱한 점질물(粘質物)을 만드는 것이 있는데, 어떤 종류의 해면에서는 이것들이 신체의 견고성을 유지하는데 활용되고 있는 것 같다. 또 세균, 특히 해면의 위층(胃層)에 있는 세균은, 해면이 이용할 수 없는 물 속에 녹아있는 유기물을 흡수하여 증식하고, 그들 세균의 성분이 죽은 후에는 해면에 이용되는 일도 충분히 있을 수 있을 것 같다.

그렇지만 진화상으로는 가장 하등 동물의 하나인 해면이, 자기 몸 속에 살게 하고 있는 미생물이라는 하숙인들을 잘 부려서, 자신의 생활에 활용하고 있는 것에는 감탄을 금할 수가 없다.

# 30. 해양조사

인류가 바다에 관심을 갖기 시작한 것은 먼 옛날부터일 것이다. 어패류를 잡아서 식량으로 하거나, 배를 만들어 바다로 나가는 방법을 익히거나 하여 차츰 바다와 가까와지게 되었다. 그리고 바다의 생물이나 여러 현상에 흥미를 갖게 되었을 것이다. 바다에는 괴물이 살고 있다거나, 무서운 바다의 끝이 있다고 믿었던 중세의 사람들도, 코페르니쿠스(N. Copernicus)에 의해 낡은 우주관이 타파되고 지구의 개념이 알려짐에 따라, 이윽고 바다의 탐험이 시작되어 대부분의 해륙(海陸)분포를 알게 되었다. 당시는 물론 바다에 대한 지식이 부족하였으므로 이들의 소박한 의문에서부터 해양관측(海洋觀測)이 시작되었다.

19세기에 들어서자, 근대적인 연구탐험이 시작되고 해양학의 기초가 쌓아지기 시작했다. 영국의 챌린저(Challenger)호에 의한 세계주항(1872~76)과 제1차 세계대전 후에 실시된 독일의 메테오르(Meteor)호의 조직적이고도 높은 정밀도의 관측(1925~27)은 근대까지의 해양관측에 있어서 본보기가 되고 있다.

### ❖ 해양관측의 목적

해양관측은 크게 학술적인 관측과 실용적인 관측으로 나뉘어진다. 전자는 해양에 관한 각종 연구분야, 즉 물리학, 화학, 생물학, 지학, 공학 등의 기초연구의 데이터를 얻는 것이 목적이다. 후자는 실용면 이를테면 해양기상의 현상파악과 예보, 수산자원의 조사와 보호육성, 해상교통의 안전과 이익, 광물자원의 탐사와 개발, 공해(公害)물질의 모니터링과 오염방지, 해양개발을 위한 토목건설 등이 있다. 두 가지가 다 궁극적인 목적

은 바다를 적극적으로 개발하여 유형・무형의 자원을 합리적
으로 이용하여 인류의 복지증진을 도모하는 것이다.

❖ **해양관측의 플랫폼**

해양관측이 실시되는 장소는 연안과 해상이 있다. 연안관측
은 방파제, 선창, 타워 등을 발판으로 하는 관측으로서 연속자
료를 쉽게 얻을 수 있는 잇점이 있다. 해상관측에는 주로 해양
관측을 목적으로 건조된 선박이 사용되는데, 선박 이외에도 각
종 센서(Sensor)를 갖춘 부이(Buoy)가 이용되기도 한다. 부
이관측에는 해상에 설치하는 것과 바닷속에 설치하는 것이 있
고, 또한 계류식(繫留式: mooring)과 표류식(漂流式: drifter)
이 있다. 특히 심해계류를 위해서는 로프, 부력재(浮力材), 절
리장치(切離裝置: acoustic release) 등에 관한 기술이 개발되어,
심해류의 관측이나 바닷속의 침전물 채집 등에 활발하게 이용
되고 있다.

또 주로 원격탐사(remote sensing)수법이 되지만 공중으로
부터의 관측도 있다. 공중관측에는 기구(氣球), 비행기, 인공
위성 등이 사용된다. 이들 방법에서는 해면(海面)정보가 주가
되는데, 넓은 수역을 관측할 수 있고 동시성(同時性)도 높기
때문에, 매우 효과적인 관측법으로서 최근에 기술이 개발되어
가고 있다.

❖ **해양관측기기**

바다에 관한 연구분야는 여러 갈래로 걸쳐 있기 때문에, 해양
관측기기의 종류도 매우 많아서 간단히 분류하기 힘들다. 바다
에서 실제로 하고 있는 관측작업의 수법에 따라서 채집과 계측
으로 나누어 보기로 하자. 초기단계로서는 우선 채집인데, 이
것은 관측하거나 분석하거나 할 필요상, 바다의 현장에서 시료
(試料)를 수집하는 수법이다. 특히 생물이나 수산분야에서는
표본을 모아 실험을 하는 것은 빼놓을 수 없는 수법이다. 화학
이나 지학분야에서도 해수와 퇴적물의 분석, 해석을 위해 이것
들을 채취하는 일이 필요하다.

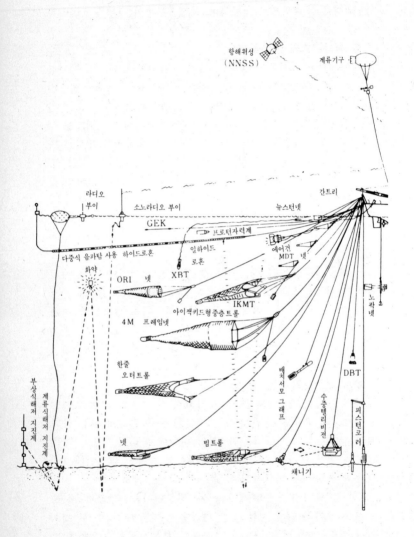

**그림 1** 해양연구선의

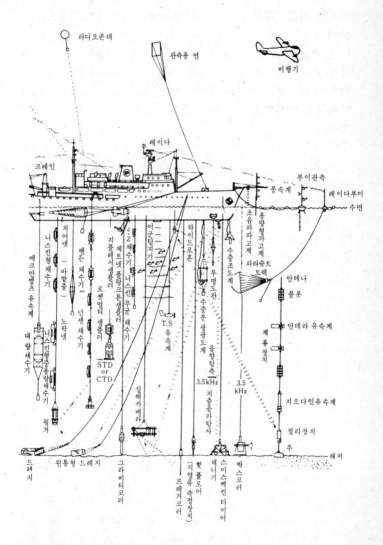

라디오존데

관측용 연

비행기

레이다

크레인

부이관측

풍속계

레이다부이

수면

초음파고계

용량형파고계

파라슈트

치어넷 (바깥줄)

니스킨형채수기

에크만멜츠유속계

밴든채수기

넌센채수기

로켓멀터

노팍넷

대량채수기

니스킨형중층용량채수기

핑거

제트넷플랑크톤샘플러

지플레서샘플러

어구탐지기

C.Z.채수기 니스킨무균채수기

하이드로혼

수중조도계

T.S 유속계

안테나

플롯

안데라 유속계

계류장치

STD or CTD

심해카메라

투명도판

수중분광광도계

음향탐측

3.5kHz

3.5 kHz

지오다인유속계

절리장치

추

드레지

원통형 드레지

그라비티코러

프렝거코러

헷플로어 (지열류측정장치)

스미스멕킨타이어

채니기

박스코러

해저

각종 해양관측기

이들 채집기구를 보면, 먼저 물 속에서는 해수를 채집하기 위한 크고 작은 채수기(採水器)가 있다. 미생물의 연구를 위한 무균(無菌)채수기와 중금속 및 방사성 핵종 등의 분석을 위한 청정(clean)채수기 등의 특수한 것도 있다. 또 부유물이나 현탁물을 채집하기 위한 세디멘트 트랩(sediment trap)과 현장 여과장치, 대량으로 연속적인 채취를 위한 펌프 채수장치도 쓰인다.

수산이나 생물분야에서는, 어류를 채집하기 위한 각종 트롤(trawl) 등을 비롯한 어구류(漁具類), 플랑크톤을 채집하는 각종 그물류가 쓰인다. 해저로부터는 퇴적물, 모래, 암석 등을 채취하기 위한 코러(corer)와 드레지(dredge) 등 각종 채니기(採泥器)가 사용된다. 이들 채수기, 그물류, 채니기는 목적에 따라 대소로 다양하며, 주로 원치 와이어(Winch wire)에 부착하여 교묘한 메카니즘을 이용한 것이 많고, 현재도 계속하여 개량해 나가고 있다.

다음에는 계측(計測)인데, 채집을 하지 않고서 센서를 현장으로 갖고 가서 측정하려는 수법으로서, 현장에서가 아니면 측정할 수 없는 물리현상 등의 관측에 적합하다. 이것에도 원격계측에 의한 리모트 센싱과 센서를 직접 측정현장으로 가져가는 직접센싱(direct sensing)이 있다. 전자는 주로 비행기나 인공위성 등에서 전자기파를 사용해서 목표물체의 물리적 특성을 계측하는 수법이다(→32. 참조). 후자인 직접센싱에 의한 해양계측기기는 앞에서 말한 채집기기와 함께 해양관측의 주력이 되는 것으로서, 이것에 대해서도 살펴보기로 하자.

수중에서 사용하는 것으로는 온도계, 심도계, 전기전도도계, 용존(溶存)산소계, 음속계, 유속계, 파랑계(波浪)계, 조석(潮汐)계, pH계, 수중조도계(照度計), 또는 수중광량자(光量子)계, 수중탁도(濁度)계, 또는 수중투과율(透過率)계, 수중분광광도(分光光度)계, 수중형광광도계 등이 있고, 이 밖에 생물과 관계있는 그물의 여수계(濾水計), 예항(曳航)심도거리계, 어군

탐지기, 계량식(計量式)어탐기, 각종 소나(sonar) 등의 음향 기기가 있다.

해저 또는 지구를 대상으로 하는 것은 해저지진계, 해저열유량계, 음향측심(測深)기, side scan sonar, sea beam, 해저카메라, 해상중력(重力)계, 해저중력계, 예항식 자력계(曳航式磁力計) 등이 있다. 하늘쪽에서는 우주선(宇宙線), 전리층(電離層), 공전(空電) 등의 계측기기, 고층기상과 해양기상에 대한 각종 기상측기(測器)가 사용된다.

이상 채집과 계측으로 나누었지만, 이들을 동시에 실시하는 수법은 예로부터도 있었다. 이를테면 난센(Nansen) 채수기와 전도(轉倒)온도계를 조합한 것이라든가, 여수계(濾水計)를 부착한 플랑크톤 네트 등이다. 바다의 환경정보는 될 수 있는대로 다원적(多元的)으로 동시에 관측하는 것이 바람직하고, 시간·공간적으로 연속관측이 가능하면 더욱 더 효과가 크다. 그래서 다른 종류의 복수 센서나 채집기를 조합한 이른바 복합관측기기가 최근에 수많이 개발되고 있다. 여기서 널리 쓰여지고 있는 각 분야의 유명한 것을 두 세가지만 들어보기로 한다.

BT(bathy thermograph)는 수심에 대한 수온을 연속적으로 측정하는 기기들로서 슬라이드에 펜으로 기록하는 기계적 BT, 더미스터(thermister)를 쓴 전기식 BT, 투입식 XBT, 메모리에 데이터를 기억시키는 DBT 등이 있다. STD(salinity, temperature, depth recorder)는 BT에 염분(鹽分)정보를 첨가한 기기로서, 염분의 주요 함수인 전기전도도를 계측하는 것을 CTD(C는 conductivity)라고 한다. 이 깊이, 온도 및 염분은 해수의 3대 요소로서 각종 물리화학적 성질, 특히 밀도를 적분한 압력분포로부터 역학적으로 해류의 속도와 유량을 계산할 수 있으므로 매우 잘 쓰여진다. 이 장치에 다통(多筒) 채수기를 연동(連動)시켜, 임의의 깊이에서 채수할 수 있는 시스팀도 있다. 또 음속계, 용존산소계, 각종 수중 광학기기 등을 짜넣은 시스팀도 개발되고 있다. 이들은 컴퓨터에 접속하여 데이터처리까지 일관해서 수행한다.

그 밖에 관측선 등의 운동과 위치를 알기 위한 각종 항해계기, 해상과 물 속의 관측기기의 위치를 알기 위한 라디오부이(radiobuoy), 레이다부이(radarbuoy), 소나 핑거(sonar pinger) 트랜스폰더(transponder) 등도 중요한 관측기기이다. 옛날에는 채집시료를 보존, 처리하여 육상으로 가지고 와서 분석, 해석을 하고 있었지만, 최근에는 관측선 등의 설비가 개선되어, 육상의 실험실용 기기를 현장으로 가지고 가는 일이 많아졌다. 시료를 선별, 처리하거나 사육, 보존하거나 하는 기기류, 또 각종 분석기기, 현미경 등의 광학기기, 전기계측용 기기, 기록계, 계산기, 정밀시계 등까지도 포함하여 해상에까지 가지고 가는 기기를 해양관측기기라고 하기도 한다.

# 31. 우주를 능가하는 해양관측의 어려움

우리는 지구를 덮고 있는 대기권의 밑바닥에서 태양으로부터 쏟아지는 에너지를 이용하여 생활하고 있다. 대기권 바깥과 해양도 매우 험한 세계여서, 거기서 관측을 한다는 것은 매우 많은 곤란을 수반한다. 우주관측에 비하면 해양관측은 지구 위에서 이루어진다는 점에서는, 쉬운 관측인 것처럼 생각되기 쉽지만, 이 양자가 얼마만큼이나 진보했는가를 비교하는 것에는 무리가 있다. 왜냐하면 우주관측에는 각국의 국위를 과시하는 의미에서, 방대한 자금과 막대한 인재(人材)가 투입되고 있기 때문이다.

이것에 비해 해양관측은 낡은 기기를 사용하여, 별로  표도 나지 않는 관측을 이러저럭 계속하고 있다는 것이 실정이 아닐는지? 이웃나라 일본만 하더라도 해양관측의 실시국으로는 세계에서 몇몇 안되는 손 꼽히는 나라이지만, 해양관측기기의 진보에 있어서는 약간 뒤지고 있는듯한 느낌이 든다. 해양연구자들이 공학계(工學系)의 지식이 부족한 것도 원인의 하나라 하겠지만, 해양도 우주에 비교하여 결코 수월하지 않다는 것을 말해 두고 싶다.

### ❖ 정보의 전달방법

첫째는 정보의 전달이 문제이다. 우주공간에서는 빛을 포함하여 전자기파(電磁氣波)를 자유로이 사용할 수 있다. 달의 정밀한 지형은 물론, 몇 번이나 쏴올린 마리너(Mariner)에 의하면, 멀디 먼 금성이나 화성, 또 보이저(Voyager)에 의한 목성, 토성의 관측까지도 지상에서 세밀한 지령을 내려서 관측할 수가 있다. 사진은 물론, 대기의 조성부터 암석의 분석결과의 데이터까지도 송신해 주는, 도무지 믿을 수 없을만한 일이 가능하다.

한편, 바닷속에서는 빛이 겨우 수 10 m까지 밖에 도달하지 않고, 전파도 장파의 아주 일부를 제외하고는 전혀 쓸 수가 없다. 그 대신 진공과는 달라서 물 속에서는 물이라는 매체로 가득 차 있기 때문에 음향을 사용할 수 있다. 그런데 바닷속에서의 음(音)의 전파(傳播)는 밀도가 균일하지 않기 때문에 속도의 불안정, 굴절, 반사, 감쇠가 크고, 속도도 공기 속보다는 빠르지만, 매초 1.5m로 전파에 비하면 매우 느리다. 도달거리도 음향채널 등의 특수한 조건을 제외하면 수 10 km밖에 안 된다. 또 전파에 비해서 주파수가 낮기 때문에, 반송(搬送)정보량은 몇 단위나 적고, 해상력(解像力)도 나쁘다. 이렇게 해양은 우주와 비교할 때 정보전달에 관한 한 결정적으로 불리하다.

### ❖ 압 력

둘째는 압력의 문제이다. 지표와 우주공간의 압력차는 1 기압이지만, 대양저에서는 수백기압, 1만m의 해구가 되면 1천 기압에 달한다. 이 때문에 관측기기의 케이스에 누수와 파괴사고가 잦아 매우 튼튼한 내압용기(耐壓容器)가 필요하다. 유인(有人)탐사기나 잠수선이라면 아주 두꺼운 껍질 안에 수용해야 하고, 외계의 관찰도 특수한 작은 창을 통해서 내다 볼 수밖에 없다. 또 거기서 나와 수중유영(水中遊泳)을 하는 따위는 생각조차 할 수가 없다. 우주공간에서와 같이 우주복과 생명유지장치로 우주유영을 하거나, 고장난 인공위성을 붙잡아 수리를 하는 등은 바다에서는 불가능한 일이다.

### ❖ 염 해

세째로 해수는 잘 아는 바와 같이 매우 짜다. 이것은 많은 염분이온이 녹아있기 때문인데, 이 때문에 해수에 담긴 금속류는 맹렬한 전해 부식(電解腐蝕 ; 전식)이 진행한다. 산소도 녹아들어 있어 녹이 심하게 슬고, 강철선은 전식방지를 위해 커

**사진 1**　6,500데시벨
（dB）（≒6,500 m）
의 내압용기에 든
CTD의 수중국
（水中局）
CTD（Conductivity,
Temperature,
Depth recorder）

다란 아연블록을 스크류 등의 근처에 수십 개를 부착하여, 아연의 용해에 의한 희생으로 청동제품인 스크류의 전식을 막고 있다. 해양관측에는 이런 주의가 필요하다.

또 해수는 전해액이기 때문에 전기의 양도체이다. 공기 속에서는 전자기기는 나선（裸線）이라도 배선이 가능할 뿐더러, 터미널이나 코넥터가 노출되어도 아무런 지장이 없다. 그러나 바닷속에서는 엄중한 내압피복（耐壓被覆）을 하든가, 완벽한 내수용기에 넣든가 또는 전기를 통하지 않는 기름 속에 담가두지 않으면 안된다. 따라서 조립, 점검, 보수 등에 많은 공이 든다.

❖ 에너지의 확보

네째로는 에너지의 문제가 있다. 우주에 관측기기를 투입하는데는, 지구의 중력에 대항하여 적어도 제1우주속도인 7.9 km／초로 탈출시키지 않으면 인공위성이 될 수가 없다. 이 때문에 자세제어（姿勢制御）가 가능한 한 매우 정교하면서도 막대한 연료를 가진 엔진이 필요하다. 그러나 일단 궤도에 실리고 나면, 약간의 궤도수정이나 자세제어용 에너지로써 수년간을 유지할 수 있다. 그 중에는 원자력까지 가진 것도 있지만, 보통의 계측이나 데이터통신용 에너지는 태양전지로 조달되고 있다. 한편 무저항, 무중력이기 때문에 관측기기의 형상이나 투입 후의 중량 밸런스에는 별로 마음을 쓰지 않아도 되는 잇점이 있다.

바다에서는 밀도가 매우 큰 해수를 헤치고 나가야만 하기 때문에 상당한 에너지를 필요로 한다. 인공위성 등은 1시간 반, 정지위성에서도 24시간이면 지구를 일주할 수 있는데, 보통의 배는 시속 20 ~ 30 km로 밖에는 진행할 수가 없기 때문에 비능률적이다. 최근에 해양관측기기도 전원전력을 필요로 하는 것이 많아졌으나, 전력을 보낼 경우는 긴 케이블과 큰 윈치를 필요로 한다. 전지를 사용한다고 해도 압력에 견뎌내야 하고, 절연성을 유지해야 하기 때문에 용적과 중량이 커지는 불리한 점이 있다. 또 심해의 온도는 빙점에 가까우므로 화학반응을 이용하는 전지의 성능을 저하시킨다. 최근의 심해 계류관측 등에서는 그 내용이 전지의 성능에 크게 좌우되는 것도 이 때문이다.

### ❖ 환경문제

다섯째로 환경문제를 생각해 보자. 대기권 상층에는 대기가 전리(電離)된 플라스마대기의 열권(熱圈)이 있고, 권외로 나가면 방사선과 자외선에 그대로 노출되고, 운석(隕石) 조각이 날아다니며, 음양 냉열(陰陽 冷熱)이 격심한 진공의 우주공간이다. 거기로 인간이 들어가서 작업을 하는데는, 무중력이라는 인류가 일찍이 경험한 적이 없는 조건이 더해지고, 상당한 훈련과 기술과 지식을 습득한 사람이 아니면 참가할 수가 없다. 귀환할 때도 무엇이건 모조리 불태워 버리려는 대기권 돌입을 견뎌내지 않으면 안된다. 더구나 희망하는 지점에 연착륙(軟着陸)을 하기 위해서는 매우 고도의 기술이 필요하며, 이러한 우주관측의 어려움은 누구라도 쉽게 이해할 수 있을 것이다.

그런 점에서 바다에서는 큰 부력(浮力)을 활용하여, 초중량

물의 운반이 가능하다는 장점이 있어 비교적 쉽게 왕래할  수
가 있다. 그러나 일단 바닷속으로 들어가면, 수백 m에서부터는
캄캄한데다 정보가 두절되고, 고압에 충만된 가혹한 세계로 되
어, 험난하기로는 우주에 비해서 조금도 손색이 없다.  따라서
대개는 해면에만 달라붙어서 관측선 등으로 작업을 하게 된다.

해면은 지구 위에서도 요란(擾亂)이 극심한 대기권과  수권
(水圈)의 경계에 있어 풍파 때문에 거센 요동을 받게 된다. 해
양관측기기도 이러한 강한 요동 때문에 고장과 파손이 잦고, 와
이어나 케이블 등이 끊어지고 없어지는 사고를 일으키는 일이
있다. 또 폭풍을 만나 해난사고를 당하는 일도 있다.

이상과 같이, 인간이 바닷속으로 자유로이 들어간다는 것은
아직도 극히 곤란한 일이어서, 비능률적인 배에서 바닷속을 탐
색하고 있는 상태이다. 따라서 바다로부터 얻는 정보가 적고,
달의 표면 만큼이나 상세한 해저지형 조차도 얻지 못하고  있
다. 어쨌든 육생동물로서 진화해 온 인간이기에 우주도  해양
도 환경적으로는 부적당한 대상임에 틀림없다. 그러나 배멀미
의 고통, 좁은 공간과 시간의 구속을 받고 또 오락의 부족, 욕
구불만과 불안감 등에 시달리면서도 관측작업을 수행하고 있다.

# 32. 우주에서의 해양관측

## ❖ 대 지구 정지위성

이제는 방송위성도 많이 발사되어 인공위성도 우리와 매우 가깝게 되었다. 나날의 TV 일기예보에서는 인공위성이 촬영한 구름사진이 방송되고 있다. 이들 위성은 24 시간에 지구를 일주하는 지상 35,000 km의 궤도를 갖고 있는데, 지구는 24시간의 주기로서 자전하고 있으므로, 지상에서 보면 마치 적도 위의 한 점에 정지해 있는듯이 보인다. 이 때문에 정지위성이라고 불리며 지구에 대해 정지해 있다는 뜻이다.

현재는 5개의 기상관측 정지위성이 운용되고 있다. 경도 제로(0)의 Meteosat(유럽 공동체), 동경 74도의 Insat(인도), 동경 140도의 GMS(히마와리 : 일본), 서경 135도의 GOES—W(미국), 서경 75도의 GOES—E(미국) 등이다. 이들 위성은 가시광(可視光)과 적외선의 파장을 사용한 지구관측을 하여, 그 측정치를 지표로 전송한다. 그 수신해석은 기상위성센터에서 하고 있다.

일본이 쏘아올린 기상관측위성 "히마와리"의 수신해석은 도쿄 북부의 기요세(淸瀨)시에 있는 기상위성센터에서 하고, 처리된 데이터는 다시 위성 "히마와리"로 보내어지고, 위성은 이것을 받아 이번에는 방송위성의 역할을 하게 된다. 히마와리의 방송은 지름 2 m 이하의 파라볼라 안테나로 수신할 수 있다. 또 이들 위성은 해상이나 지상에서 측정한 관측치를 중계할 수도 있다. 한편 해난구조에 이용하는 것도 미국에서 계획하고 있다.

일본의 정지기상위성 히마와리는 3 시간마다 촬영하기 때문

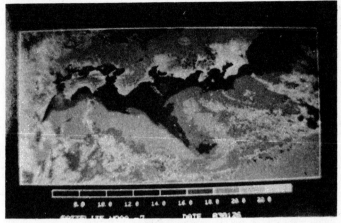

**사진 1** 기상위성 NOAA에서 촬영한 구로시오의 표면수온

에, 구름의 움직임을 연속적으로 볼 수는 없지만, 미국의 정지위성의 화상(畫像)은 촬영간격이 짧아서, 영화로 만들면 서태평양의 적도해역에서 발생한 폭풍우의 구름이, 서해안에 상륙하여 미국대륙을 횡단해서 동해안으로 빠져 나가는 상태를 홍미롭게 관찰할 수 있다. 허리케인(태풍)의 피해를 이런 화상으로써 판단하여 예방하는 역할을 한다.

미국은 또 한 종류의 기상위성으로써 극궤도(極軌道) 기상위성을 운용하고 있다. 이것은 지상으로부터 840km의 궤도를 가지고 지구를 100분만에 일주하며, 우리 나라 상공을 아침, 저녁으로 7시경에 통과한다. 이 두 종류의 위성이 해양까지 포함하여 사용되고 있다. 가시광과 적외선의 파장의 복사관측과 해상부이의 전파를 수신하여 그 위치를 계측하는 기능을 가졌다. 또 프랑스와의 공동작업으로 Argos라고 불리는 측위(測位)와 자료수집 서비스도 하고 있다.

이들 기상위성은 해양관측에도 이용되고 있다. 적외선 복사의 관측치로부터 해면의 온도를 알 수 있다. 구로시오는 난류이고 오야시오는 한류로서, 오야시오의 수온은 구로시오에 비하면 확실히 저온이다. 그러나 오야시오의 우측은 좌측에 비해 수온이 높다. 이 점은 구로시오에 대해서도 꼭 같다. 이런 사실로부터 해면의 온도를 조사하면 해류가 어디를 흐르고 있는가를 알 수 있다. 극궤도위성의 적외선 카메라의 지표분해율 (resolution)은 약 1 km이다. 해면의 온도분포는 물고기가 어디서 잡히느냐는 것과 관계되기 때문에 널리 이용되고 있다. 다만 적외선 관측은 구름이 있으면, 구름의 온도를 측정해 버리고 해면의 온도를 얻을 수 없는 것이 결점이다.

또 한 가지의 이용은 해상의 위치를 결정하는 기능이다. 구로시오 속에 투입한 부이의 위치를 추적할 수가 있다. 부이는 구로시오와 함께 흘러가기 때문에 해류의 크기와 위치를 알 수 있다. 일본의 해상보안청 (海上保安廳) 수로부에서는 이렇게 하여, 2년 이상에 걸쳐서 한 개의 부이를 추적한 일이 있다. 연달아 부이를 투입하면 그때의 해류를 알 수 있다. 하루에 두 번 이상의 측정이 가능하므로 해류병에 비하면 훨씬 과학적이다. 위성과 부이는 그 위치를 볼 수 있기 때문에 1와트 가량의 작은 전력으로도 1 km의 정밀도로서 위치를 결정할 수 있다.

❖ **위성에 의한 해양조사**

기상위성을 이용한 해양관측이 활발해지고 있다. 그러나 해양을 관측하기 위해 해양위성을 쏘아올리는 것은 20여년 전부터의 해양학자들의 꿈이었다. 이 꿈은 위성 「SeaSat」로서 1978년 6월 27일에 이루어졌다. 그러나 유감스럽게도 Sea Sat는 전원부의 고장 때문에, 3개월 남짓한 10월 10일까지밖에는 운용되지 못했다. 이번에는 미국의 이 해양위성의 관측결과 몇 가지를 소개하겠다.

그 하나는 해상의 바람을 측정하는 일이다. 1960년대에 일본의 해양학자는 파장 2 cm 정도의 풍파의 파고는, 풍속이 클수록 크다는 사실을 발견했다. 풍파는 파장이 작은 파동이 발달한 것이라고 생각되고 있었다. 파고의 파장에 대한 비는 한계치가 있으므로 풍속이 클 때나, 작을 때나 단파장의 파고는 변화하지 않는다고 생각되고 있었다. 주의깊은 수조(水槽) 실험에서 얻어진 이 결과는, 거꾸로 수cm 파장의 풍파의 크기로부터 풍속을 알아낼 수 있다는 것을 의미한다. 파장 수 cm의 전파를 해면에 발사하면, 후방산란(後方散亂)으로 되돌아 오는 전파의 세기가, 파장이 같은 수파의 파고와 비례하는 것이다. 측정위성 「Skylob」에서의 실험을 거쳐, 레이다 산란계(散亂計)가 SeaSat 에 실려졌다. 그리하여 나날의 해상풍을 우주에서 관측할 수 있다는 것을 보여주었다.

다음에는 전파고도계(電波高度計)를 이용한 해면의 들쑥날쑥(凹凸)을 관측했다. 해류의 우측 표면수온이 높다는 것은 이미 앞에서 소개했었지만, 고온수(高溫水)의 부분은 주위에 비해 해면이 솟아올라 있다. 구로시오의 단면에서는 1.5 m의 차가 있다. 난수괴(暖水塊)가 있으면 "시계방향"의 순환류에서 중앙부가 솟아오르고, 냉수괴에서는 그 반대이다. 해면의 들쑥날쑥이 측정되면 표면해류의 절대측정이 가능하다. SeaSat의 결과는 어느 해역에서 이와 같은 소용돌이운동(渦運動)이 활발한가를 보여주었다.

합성개구(合成開口) 레이다는 고분해능 해면레이다이다. 레이다의 지름을 크게 할수록 분해능(resolution)을 높일 수가 있다. 인공위성은 지표면을 매초 7 km나 이동한다. 이동하면서 송·수신 신호의 연산(演算)처리를 함으로써, 외관상으로는 큰 구경(口徑)의 안테나효과가 얻어진다. 이 레이다에서는 파장 수m의 파동을 측정할 수 있다. SeaSat의 자료해석으로 영·불해협의 20m 수심보다 얕은 해저지형도 수 10 m의 분해능으로써 알아냈다. 조류(潮流)가 파동에 끼치는 영향을 이용한 것이다. 배에 부딪치는 파도로부터 배도 검출할 수가 있다.

해양위성은 무한한 가능성을 간직하고 있다. 대량의 고도적 연산처리가 요구된다는 사실도 알았다. 무한한 가능성은, 실은 해양위성에게는 행복한 일이 못된다. 항해 중인 군함, 잠수 중인 잠수함 등의 검지(檢知), 해상풍과 해황(海況)을 신속히

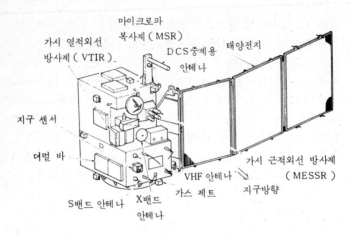

**그림 1** 1986년 발사계획의 일본의 해양관측위성 제1호(MOS-1)의 외관

파악하는 일은 모두가 군사상으로 가장 중요한 일이기 때문이다. SeaSat 2세는 아직 발사가 결정되지 않았다. 세계는 일본이 해양 관측위성(MOS 시리즈)을 운용하기를 기대하고 있다.

**❖ 원격탐사**

원격탐사 또는 원격계측은 고도 800 km 또는 35,000 km에서의 측정을 말한다. 합성개구 레이다의 결과도 마찬가지로 처리하여 파동이 측정되거나, 해저지형이나 배가 검출된다. 내부파(內部波)도 관측되었다. 이것들은 종래의 관측선에 의한 직접측정으로 알아낸 것과 비교한 것이다. 리모트 센싱에서 중요한 것은 Ground truth나 Sea truth라고 불리는 지상관측이다.

현재 일본에서는 수많은 관측선을 운항하고 있으며 직접관측이 활발해지고 있다. 그러나 비행기에서 관측한다면 어떤 신호가 얻어질 수 있을까 라는 실험은 거의 없고, 해양관측용 비행기도 아직은 없다. 그렇지만 일본에는 매우 뛰어난 수륙양용 비행정이 있는데다 10 t 이상의 자재를 실을 수가 있어, 종래의 관측선에서 해 오던 많은 작업을 할 수 있을 뿐더러 비행 중에는 리모트 센싱의 실험도 할 수 있다고 한다.

우리도 앞으로는 관측선, 항공기, 위성의 세 가지 수단을 활용하고 우수한 컴퓨터를 이용하여, 우주로부터의 해양관측을 완성시켜 환경변화와 기후변화를 예측할 수 있도록 함으로써, 바다로 지향하는 우리의 희망을 이룩해 나가도록 힘써야 할 것으로 믿는다.

# 33. 태평양-거대한 테크노폴리스

❖ 생물의 활동에서 본 태평양

사람들은 각기 독자적인 바다의 이미지를 가지고 있다. 바다를 본 적이 없는 사람에게는 희망의 대양일 것이고, 로빈슨 크루소(Robinson Crusoe)에게는 거대한 절망의 공간이었을 것이다. 마젤란(F. Magellan)에게 있어서는 정복해야만 될 공간이었고, 어부에게는 생활의 터전이었을 것이다.

그런데 질소의 순환이라는 관점에서 본다면, 태평양은 놀라우리만큼 변화가 풍부하고, 잘 정비된 거대한 식품공업(食品工業) 공장으로도 보인다. 그림 1은 태평양쪽 외양의 단면에 해수의 특징을 기입한 것인데, 한 마디로 해수라고 말하지만 여

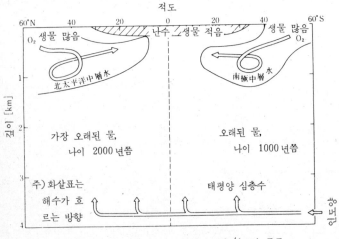

그림 1  서부태평양 중·저층수로의 산소의 공급

러 가지 해수가 있다는 것을 알 수 있으리라 생각한다. 따뜻한
물, 찬물, 생물량이 많고 적은 곳, 북과 남으로 흐르는 수괴
등 여러 가지 성질들이 미묘하게 다르다.

해수의 나이 (표면에 있었던 때로부터 얼마만큼의 시간이 경과했는가 ?)
도, 깊이 2,000 ~ 3,000 m의 층만 보더라도 1,000 ~ 2,000
년의 폭이 있는데, 이것은 수괴(水塊)의 움직임에 따라서 결정
된다. 이 수괴의 움직임이 화살표로 표시한 것과 같이, 바다의
깊은 층을 휘저어 산소를 공급하고 있는 것에 주목할 필요가
있다. 식물플랑크톤이 증식하는 표층의 식물량도 장소에 따라
뚜렷이 변화하고 있다. 고위도 해역에서는 겨울의 추운 기상조
건 아래서 해수의 상하 혼합이 잘 이루어지고, 중심층(中深層)
으로부터 영양물질이 되는 질산과 인이 공급된다. 이와 같은
고위도 표층해역에서는 이 영양물을 이용하여 식물플랑크톤이
활발하게 증식하며, 먹이사슬에 따른 동물플랑크톤이나 물고
기 등의 생물량이 많아져서 좋은 어장이 형성된다. 한편, 적도
를 사이에 둔 열대와 아열대의 표면수는 1년 내내 따뜻하기
때문에, 해수의 상하 혼합이 없고, 식물플랑크톤이 적은 맑은
바다로 되어 있다.

### ❖ 바다의 질소공급

공기 속의 질소가스를 암모니아로 바꾸어 생장에 이용하는
질소고정 능력을 갖는 미생물로는 남조류(藍藻類)와 박테리아
가 알려져 있다. 남쪽의 맑은 바다로서 빛이 충분하고, 다른 식
물플랑크톤이 증식하기 힘든 바다는 질소를 고정시키는 남조에
게는 가장 적합한 서식처가 된다.

이런 잇점을 충분히 살린 것이 트리코데스뮴(trichodesmium)
이라고 불리는 남조이다. 일본근해와 남지나 해나 동지나 해
에 트리코데스뮴이 크게 증식하며, 때로는 대규모의 적조(赤
潮)를 형성한다. 이 남조의 역할은 인간사회로 말하면, 공중질
소와 수소로부터 암모니아를 만드는 비료제조공장에다 비유될
수 있으며, 남쪽 바다에 질소를 공급하고 있는 셈이다.

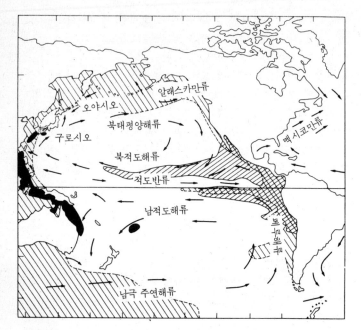

■■의 해역은 가장 플랑크톤이 많은 곳 ▨▨은 산소가 적은 바다를 표시 ▧▧의 해역은 플랑크톤이 많은 곳

그림 2 생물의 활동에서 본 태평양의 특징

❖ 바다의 탈질작용

눈을 돌려 태평양의 동쪽, 적도를 사이에 낀 열대역을 살펴 보자. 동쪽으로부터 산소가 없는 거대한 해수가 서쪽으로 향해 서 혓바닥처럼 뻗어 있는 것을 알 수 있다. 바닷속에서는 식물 플랑크톤에 의해 생산된 유기물은 박테리아에 의해 분해되고, 그때 해수 속의 산소가 소비된다. 그림 2에서 볼 수 있는 산 소가 없는 바다를 빈산소수괴(貧酸素水塊)라고 부르는데, 이 해 역에서는 산소량이 0.1 ml / l 이하인 해수가, 깊이 100 ~ 1,000 m의 층에 존재한다. 이와 같은 대규모의 빈산소수괴는

세계의 바다 중에서도 태평양 뿐이다. 여기에 비하면 훨씬 소
규모의 수괴가 아라비아 해에도. 있다는 것이 알려져 있다.

해수 속에 산소가 없어지면 어떤 종의 박테리아는 해수 속의
질산($NO_3^-$)의 산소원자를 호흡에 이용하게 된다. 이런 종의
박테리아를 통성 혐기성균(**通性嫌氣性菌**)이라고 부르는데, 사용
된 질산은 질소가스로 되며, 이것을 탈질산(**脫窒酸**)이라고 부
른다. 폐수처리의 경우에는 유기물을 분해해서  이산화탄소와
질산으로 한 뒤에 다시 탈질계(**脫窒系**)에 의해 질산을 질소가
스의 형태로 만드는 것이 최고의 처리방법인데, 태평양은 동쪽
에 이와 같은 거대한 처리공장을 가지고 있는 셈이다.  이 때문

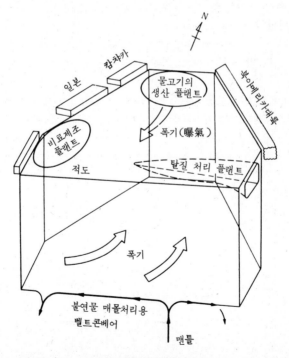

**그림  3**  북태평양 테크노폴리스

에 지질연대를 통하여 바닷속에 일방적으로 질소가 쌓이지 않게 되는 것이다.

### ❖ 불연물의 처리

바다에서 식물플랑크톤에 의해 생산된 유기물의 99.9 %는 바닷속 또는 해양퇴적물의 표면에서 분해되어, 본래의 이산화탄소, 물, 질산 등이 된다. 분해되지 않은 채로 해저 퇴적물 속에 매몰되는 양은 0.1 %로 알려져 있다. 이 불연성(不燃性) 유기물은 어떤 운명을 밟아갈까? 판구조론( plate tectonics ) 에 의하면, 해저에 축적된 퇴적물은 해양저의 움직임에 따라, 해구 속으로 이동해 가서 맨틀 속에 들어가 처리되고 만다. 바꿔 말하면 태평양은 불연물의 처리공장을 가지고 있는 셈이다.

### ❖ 태평양 ― 테크노폴리스

그림 3 에는 위에서 말한 질소의 순환에서 본 북태평양의 특징을, 인류가 개발한 여러 가지 기술에다 대응시켜 보여주고 있다.

서쪽에는 비료공장, 북쪽에는 물고기 생산공장, 동쪽에는 질산 처리공장이 있다. 또 남극으로부터는 비교적 산소가 풍부한 해수가 중심층(中深層)을 폭기(曝氣)해 주고 있다. 처리하고 남은 찌꺼기는 콘베어벨트에 의해 맨틀 속으로 운반된다. 이와 같은 질소의 흐름을 모식적으로 나타낸 것이 아래의 그림이다.

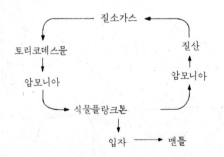

위의 모식도를 보면 질소의 사이클이 깨끗이 완결되고, 모든

뒷처리가 말끔하게 이루어지고 있다는 것은 참으로 놀랄만 하
다. 이 모습은 인간이 육상에 만든 대공장 플랜트의 집합인 테
크노폴리스( technopolis : 高度技術集積都市)에다 비유할 수 있
다. 이 태평양 테크노폴리스는 인류가 지구 위에 만들 각종 공
업활동의 바람직한 모습을 보여주는 것이라고 생각할 수 있다.

# 「바다의 이야기」편집그룹 일람

〔編集委員〕

沖山　宗雄　도쿄(東京)大學　海洋研究所　助教授

小林　和男　東京大學　海洋研究所　教授

清水　潮　東京大學　海洋研究所　助教授

寺本　俊彦　東京大學　海洋研究所　教授

根本　敬久　東京大學　海洋研究所　教授

和田英太郞　미쓰비시화성(三菱化成)生命科學研究所
　　　　　　　生物地球化學・社會地球化學　研究室長

〔執筆者〕

太田　秀　東京大學　海洋研究所

大竹　二雄　上　同

沖山　宗雄　上　同

加藤　史彦　水產廳　日本海區　水產研究所

川幡　穗高　工業技術院　地質調査所

小林　和男　上　同

清水　潮　上　同

關　邦博　海洋科學技術센터

平　啓介　東京大學　海洋研究所

田中　武男　海洋科學技術센터

辻　堯　三菱化成　生命科學研究所

寺崎　誠　東京大學　海洋研究所

寺本　俊彦　上　同

中井　俊介　上　同

西田　周平　上　同

根本　敬久　上　同

藤岡換太郞　上　同

古谷　研　上　同

風呂田利夫　도호(東邦)大學　理學部

松生　洽　東京水產大學　水產學部

松岡　玳良　日本栽培漁業協會

松本　英二　工業技術院　地質調査所

宮田　元靖　東京大學　理學部

和田英太郞　上　同

## 【옮긴이 소개】

**이광우**
서울대학교 농과대학 B. S.
미국 Minnesota대학교 Ph.D.
미국 Purdue대학교 박사후 과정
미국 Wisconsin대학교 연구원
미국 Cranbrook과학연구소
수질과학자
KAIST해양연구소
해양화학 연구실장
현재 : 한양대학교 이과대학
지구해양과학과 교수

**손영수**
한국과학사학회, 한국과학저술인협회,
한국과학교육협회 회원
역서 :『과학의 기원』,『원자핵의 세계』등
다수

바다의 세계 ①

1986년 9월 20일 초판
1993년 10월 10일 3쇄

역 자/이광우·손영수
발행인/손영일
발행처/전파과학사
등록일자/1956. 7. 23 등록번호/제 10-89 호
서울 서대문구 연희 2동 92-18
전화 333-8877·8855 팩시밀리 334-8092

공급처/한국출판협동조합
서울 마포구 신수동 448-6
전화 716-5616~9 팩시밀리 716-2995

＊ 파본은 구입처에서 교환해 드립니다.

ISBN 89-7044-506-4 03470